超創造科学

ナノ・バイオ・ITの未来

武田計測先端知財団 編

細野秀雄・松尾　豊
関山和秀・唐津治夢 著

科学のとびら

東京化学同人

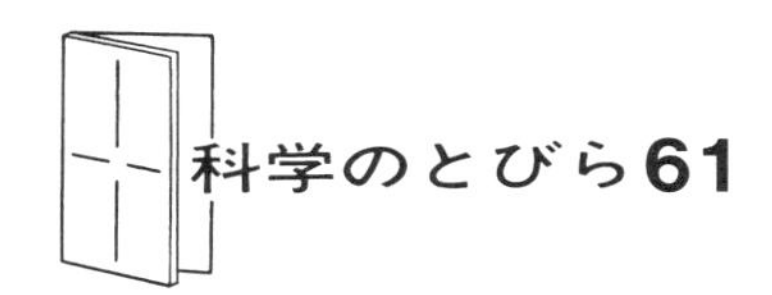

超創造科学

ナノ・バイオ・ITの未来

武田計測先端知財団 編

細野秀雄・松尾　豊
関山和秀・唐津治夢 著

東京化学同人

まえがき

武田計測先端知財団では、世界の生活者の富と豊かさを増大させる科学技術の発展のなかから、大きなテーマを選び、シンポジウムを開催しています。

発展する科学技術は、単一の領域を超えて、多くの分野が互いに関連する複雑なシステムになっています。このような複雑なシステムを、大きな俯瞰的テーマのもとに、さまざまな分野のアプローチを考えることで、多面的な理解を試みようと、企画してきています。

二〇一六年は、『人間が超えられるか！』と題して、人の営みと自然との知恵比べを議論しようと思います。人間の努力が自然界を超すことができるか、ということと、人間が何かによって超えられてしまうか、の両義をもたせています。

クモの糸を人工的に開発するというテーマ（第2章）は、構造タンパク質を利用して石油化学から離れた持続的社会を目指していますが、いわば人智による自然界の再現ともいえます。材料開発の歴史（第3章）は、そのままでは役に立たない自然を人の介入によって利用できるマテリアルとしてのかたちに具現化していく営みの蓄積です。人類文明開拓の先兵であったといえるでしょう。

人による自然の改良・改質です。コンピューターによる人工知能（第1章）は、ディープラーニングという新しい世代の技術を迎えていて、認識判別というような作業では、人を凌駕する場面を経験するようになっています。こういう作業でも、人の力を人工物が超え始めています。

こうした三課題を通じて、人と世界との関わり方のありようを考え、「超えていく」とはどういうことかを議論してみたいと思います。

本書は、この『武田シンポジウム２０１６』をもとに三人の演者に書き下ろしていただいたものです。『超創造科学 ―― ナノ・バイオ・ＩＴの未来』と題して、各先端領域の研究・応用の現状と将来をまとめました。第1章では、『人工知能の展開』としてＩＴの例を、第2章では『タンパク質を素材として使いこなす』としてバイオの例を、第3章では『人間は材料を創り続けてきた』としてナノの例をとりあげました。第4章は本書の副題と同じ、『ナノ・バイオ・ＩＴの未来』として、シンポジウムの最後に行われたパネルディスカッションを抄録し、これらの花形領域の研究が今後どのように展開していくか、将来を展望しました。人類の生活を一変させるような可能性を秘めた最先端超創造科学の世界をお楽しみください。

二〇一六年九月

一般財団法人 武田計測先端知財団
理事長　唐　津　治　夢

目次

第3章　人間は材料を創り続けてきた……77

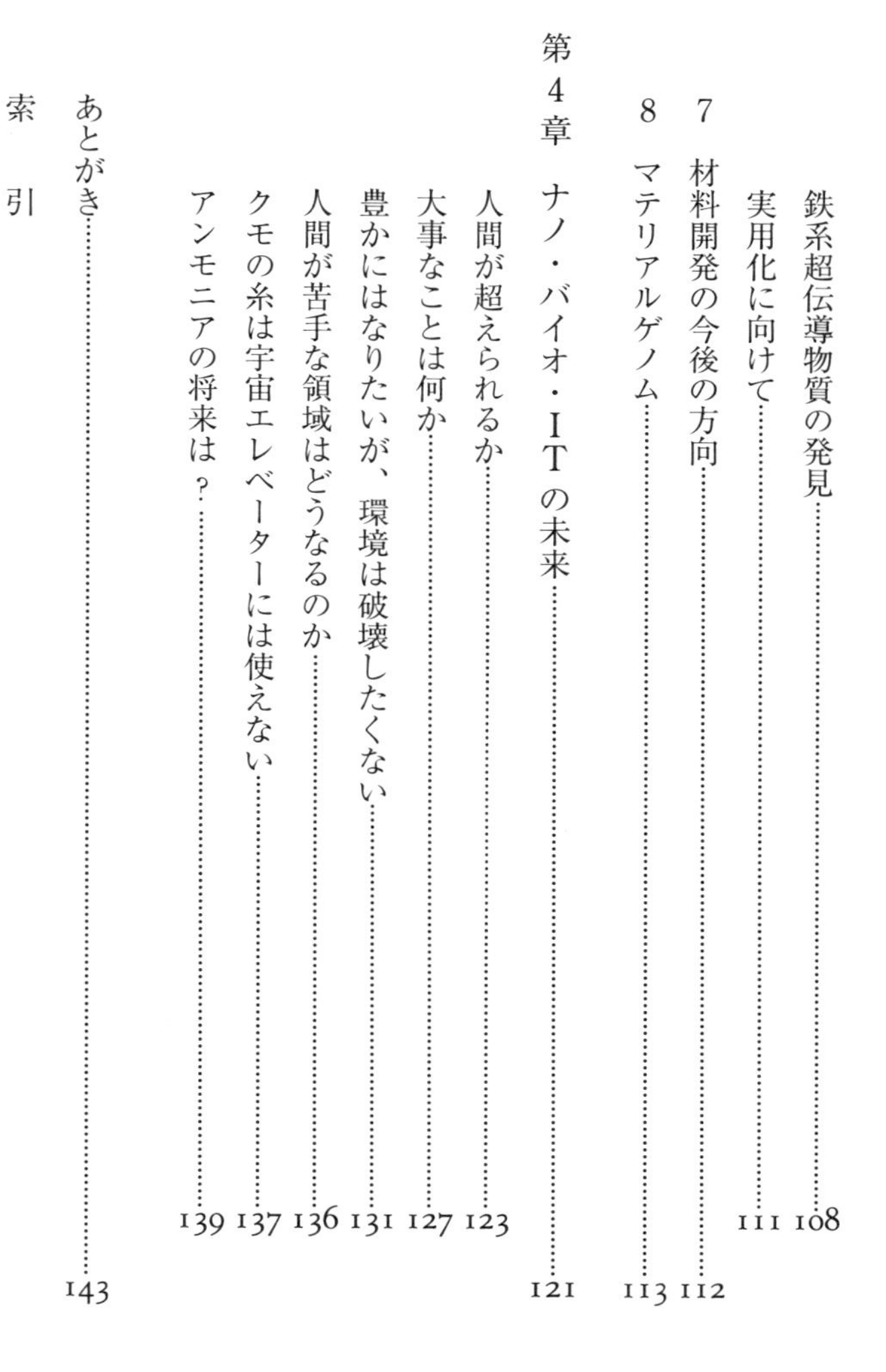

第1章　人工知能の展開

松尾　豊

１　人工知能をめぐる動向

人工知能は、今、ブームになっていて、さまざまなメディアでよく取上げられています。歴史的にみると、これは三回目のブームです。**人工知能**（ＡＩ、Artificial Intelligence）という言葉が初めて使われたのは一九五六年だということになっていますので、人工知能の研究分野が確立されてから、今年でちょうど六〇年になります。その間、ブームになって冬の時代が来て、またブームになっては冬の時代が来るということを繰返し、今回が三回目のブームです。

それぞれのブームで主眼となるものは異なっています（図１・１）。一九五六〜一九六〇年代の第一次ＡＩブームのころは、数学の定理を証明したり、チェスを指したりするといった推論・探索型の人工知能が主流でした。一九八〇年代の第二次ＡＩブームでは知識処理がメインとなり、医療診断や有機化合物の特定などに利用されました。そして、二〇一三年から始まった今回のブームでは、データから学習するというところが中心になっています。

人工知能に関するキーワードはいろいろあります。よく耳にするものをあげると、クイズの世界チャンピオンに勝ったＩＢＭの人工知能「ワトソン」、iPhoneに搭載されている音声アシスタント機能「Siri」、ソフトバンクのロボット「Pepper」、「自動運転」の車、将棋の「電王戦」（コンピューターとプロ棋士との棋戦）などがあります。これらは非常に注目されているのですが、技術的には昔からある技術が少しずつ進んでいるだけで、できることは昔とそれほど大きく変わっているわけではありません。ところが、機械学習の一種であるディープラーニングだけは別格で、ここ二、三年で、できることが急激に増えました。従来の機械学習から非連続的なイノベーションが相当起こっていると考えてもよいと思います。

2　これまでの人工知能の壁

将棋の世界では、プロ棋士に勝つような人工知能が出てきています。そのなかでは機械学習という技術が使われています。プロ棋士の過去の対局を記録した膨大な棋譜データを使い、どういう局面でどういう手を指したかをセットにしてコンピューターに覚えさせると、コンピューターも似たような局面で似たような手を指せるようになります。局面を記述するには、将棋の駒数は四〇個ですから、四〇個の変数でよいのですが、プロ棋士に勝つような人工知能には変数の数が数百万以上あります。つまり、一つの局面を数百万以上の変数で表すということをやっているわけです。こうすると、一つの局面の非常に細かいところまで捉えることができて、確かに強くなります。変数が数百万以上になるのは、王将と金と銀、王将と銀と角というように三つの駒の相対的な位置関係を

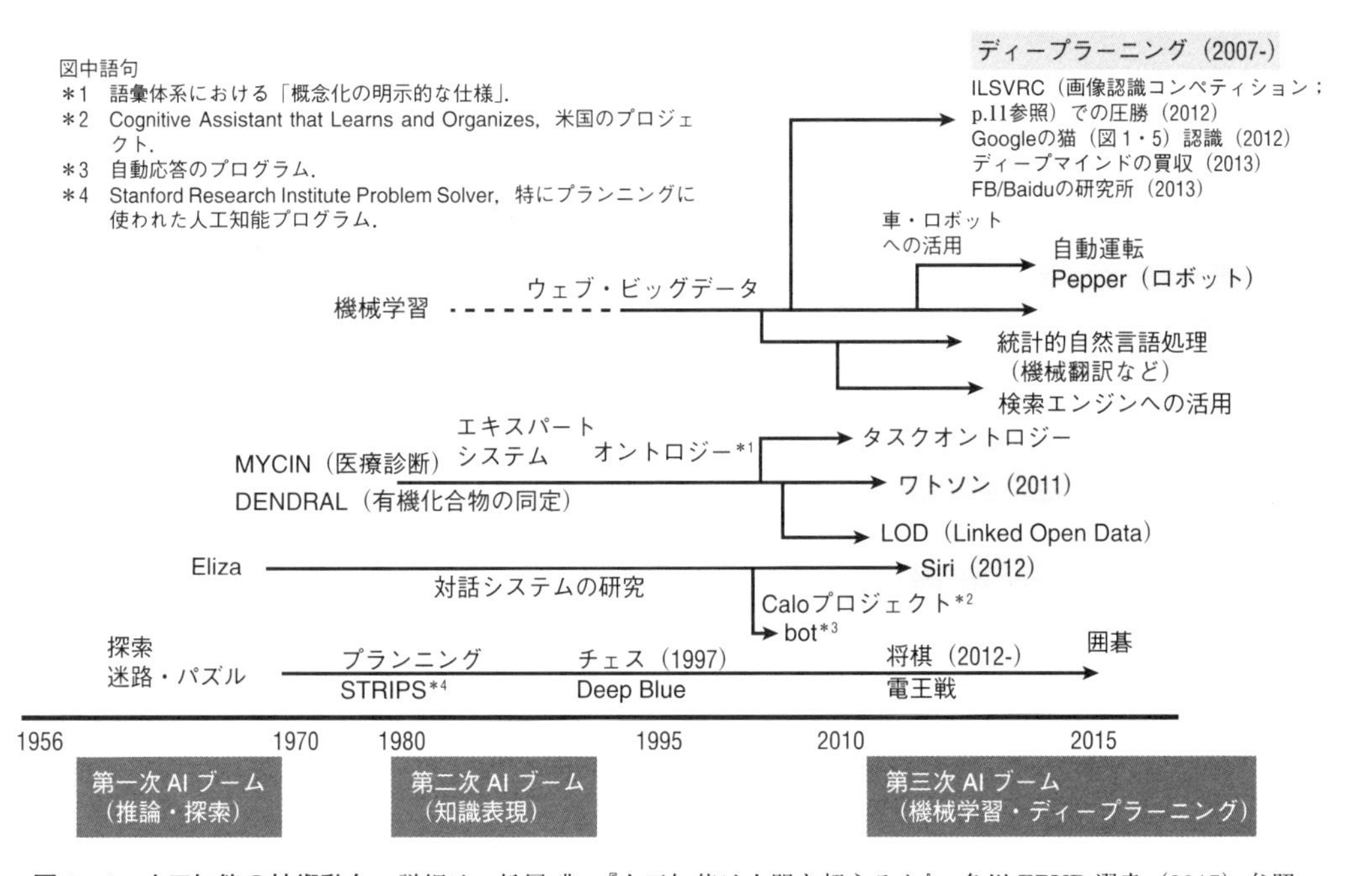

図1・1　人工知能の技術動向　詳細は，松尾 豊，『人工知能は人間を超えるか』，角川EPUB選書（2015）参照.

全部変数にしていくからです。実は、こういうやり方がよいということを発見したのは研究者です。数年前のことですが、それから強くなりました。

機械学習において一番重要なのはよい変数（**特徴量**）を見つけることです。よい変数さえ見つかれば機械学習の精度はすごく上がります。では、どうやって変数を見つけているのか。それは人間の仕事です。人間が重要だと考えるいろいろな仮説を立てながら、一生懸命に変数を見つけているのです。要は、機械学習における特徴量の設計が難しかったからなのです。

それ以外にも、六〇年にわたる人工知能の研究のなかで、難しいとされている問題は数多くあります。なかでも、**フレーム問題**（人間が知識を記述することで人工知能を動作させるとき、いくら知識を書いても、うまく例外に対応できない）や**シンボルグラウンディング問題**（シマウマがシマのある馬だと計算機が理解できないように、シンボル（記号）が示すものと接続（グラウンド）しておらず、シンボルの操作ができない」といった難問があるために、人間のような知能を実現できないとされてきました。

こうして見ると、表面的には複数の問題があるように見えます。ところが、根本的な問題は一つだけで、この一個の問題から派生しているにすぎません。今までの人工知能は、人間が現実世界の対象物を一生懸命に観察し、どこが重要かを見抜いて（特徴量を取出して）モデルをつくっていました。その後の処理はいくらでも自動化できたのです。ただ、モデルをつくる行為そのものが自動化されていなかったことこそ、唯一にして最大の問題だったのです。これは人工知能だけでなく、すべての工学的な手法がそうだと思いますが、どこが重要かを見抜くところは、今まで人間にしかできませんでした。ここを何とかしない限り、モデルを別のところにもっていくと、うまく動かなかったり、例外的なデータに対応できなかったりすることになります。

３　ディープラーニングとは

今までの人工知能の手法というのは、人間がモデル化した後のプロセスのことをさしていました。しかし、ここで紹介するディープラーニングは、**人間がモデル化する行為そのものを自動化する**ということにチャレンジしていますから、非常に大きなイノベーションだと思っています。どうやるかは専門的になって難しくなりますので、ここでは概要だけを説明します。

人工知能の分野には昔から**ニューラルネットワーク**というのがあります。脳の仕組みを模した構造でコンピューターに学習させるというものです。図１・２の右下に描かれている「３」という数字は、人間が見れば「３」だということがわかりますが、コンピューターにはわかりません。そこで、ニューラルネットワークを使ってわからせようとすると、まず、「３」という画像の画素の情報を入力層に入れて、これが「３」だということを正解として与えます。そのような操作をいろい

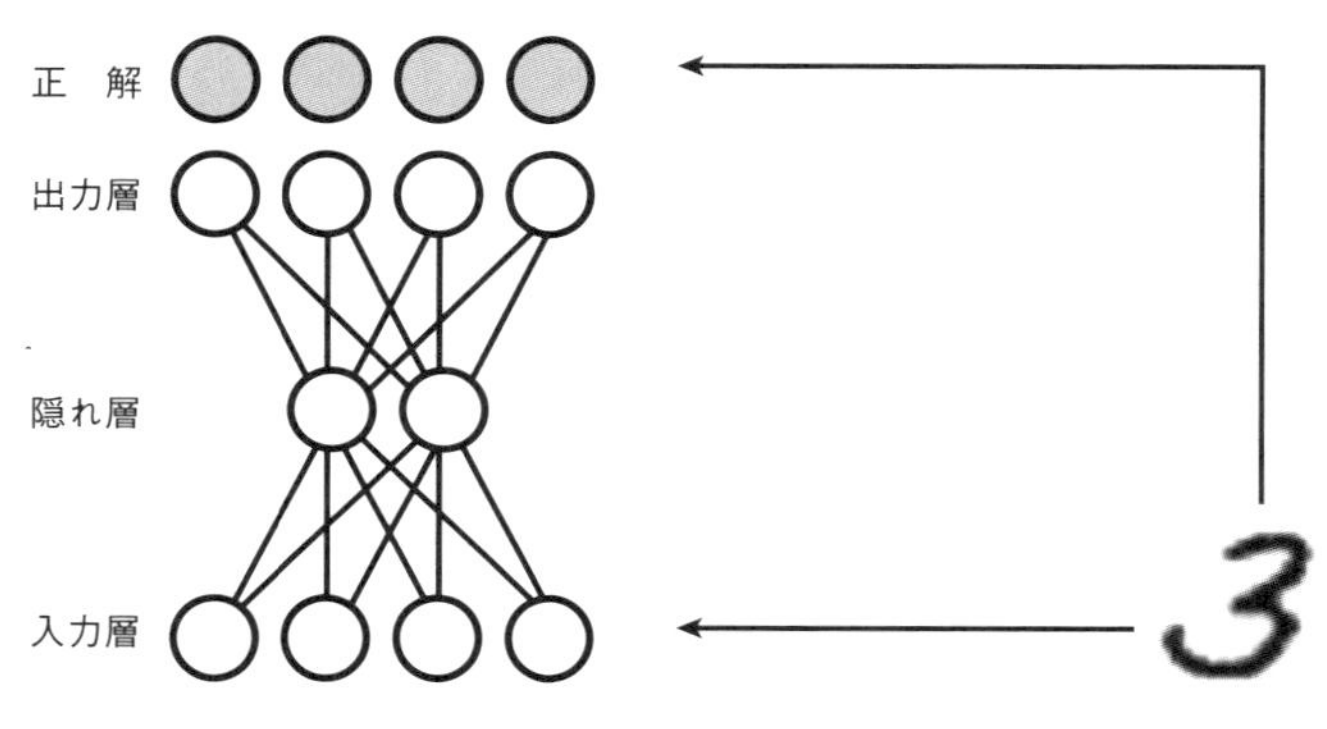

図1・2　オートエンコーダーの仕組み

ろな数字に対して何回も繰返していくと、やがて、入れた画像が「3」だとか「2」だというふうに答えられるようになります。これが通常のニューラルネットワークです。

ところが、ディープラーニングで使う**オートエンコーダー**という仕組みは、通常のニューラルネットワークとは少し違います。「3」という画像を入力層に入れるところまでは同じですが、画素情報ではなくて画像そのものを正解データにします。つまり、画像から画像を予測させるのです。これは、一見まったく意味がないことをやっているようですが、そういうことはありません。まん中の隠れ層が細くなっていますので、いったん細いところを通った情報を、できるだけ精度よくもとに戻す」という問題を解いていることになります。

たとえば、一時間の講演を聞いた後、その講演を三分にまとめて精度よく復元しようとすれば、もとの講演のできるだけ重要なところを拾い出そうとするでしょう。それと

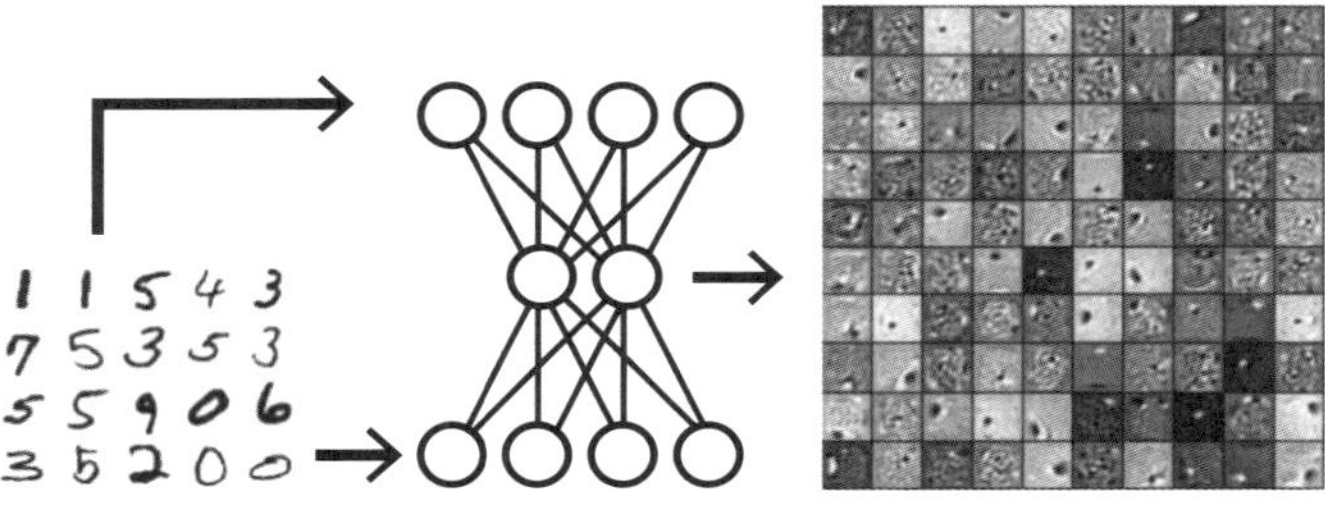

図１・３　オートエンコーダーで得られる表現

同じで、細い隠れ層で画像のできるだけ重要な部分を取出そうとする働きが出てきます。画像のなかの重要な部分というのは、われわれはまったく意識していないのですが、「１」という数字であれば、始まりと終わりの部分です。そこだけに注目していて、途中の部分はあまり見ていません。だから、かすれていても意味がわかるわけです。「３」という数字であれば、始まりと終わり、それと右のほうが丸くなっているかどうかというあたりを注目して見ています。

数字の画像を上述の方法でたくさん学習させると、隠れ層のところに模様のようなものがたくさん出てきます（図１・３）。この模様のようなものが、上のほうに点があるとか、下のほうに点があるとか、右のほうが丸くなっているという情報に該当しています（これをノードといいます）。つまり、「１」や「３」という数字だということを教えなくても、たくさんの画像を入れて、それを復元するというプロセスだけで、特徴量を取出すことができるということです。

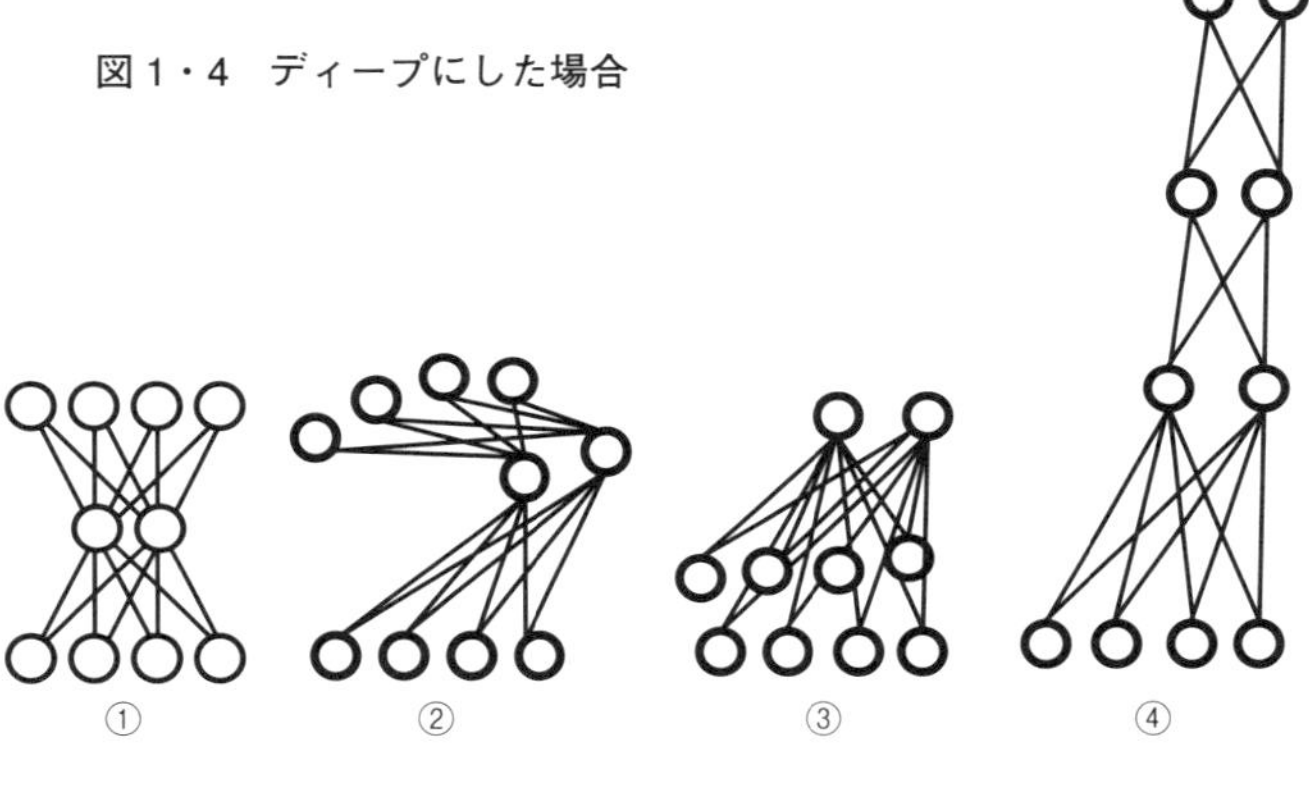

図1・4　ディープにした場合

ディープラーニングの場合は、これをディープにする、つまり、**階層化**するという点が重要になります（図1・4）。三層のオートエンコーダー（①）のまん中部分を持ち上げる（②）と、情報はいったん上に上がって降りてくるような格好になります（③）。ここで出力層の部分を消すと、単に入力層から隠れ層に情報をマッピングするような装置ができます（④）。こうしておいて、次の段のオートエンコーダーをまったく同じにやるようにすると、次の段のマッピングができます。こうしてどんどん積み上げていくわけです。

「グーグルの猫」として知られている二〇一二年の研究成果（図1・5）は、このようにしてできたものです。ユーチューブからとってきた大量の画像をニューラルネットワークに学習させることで、図1・5では左端、つまり低いほうの階層で非常に簡

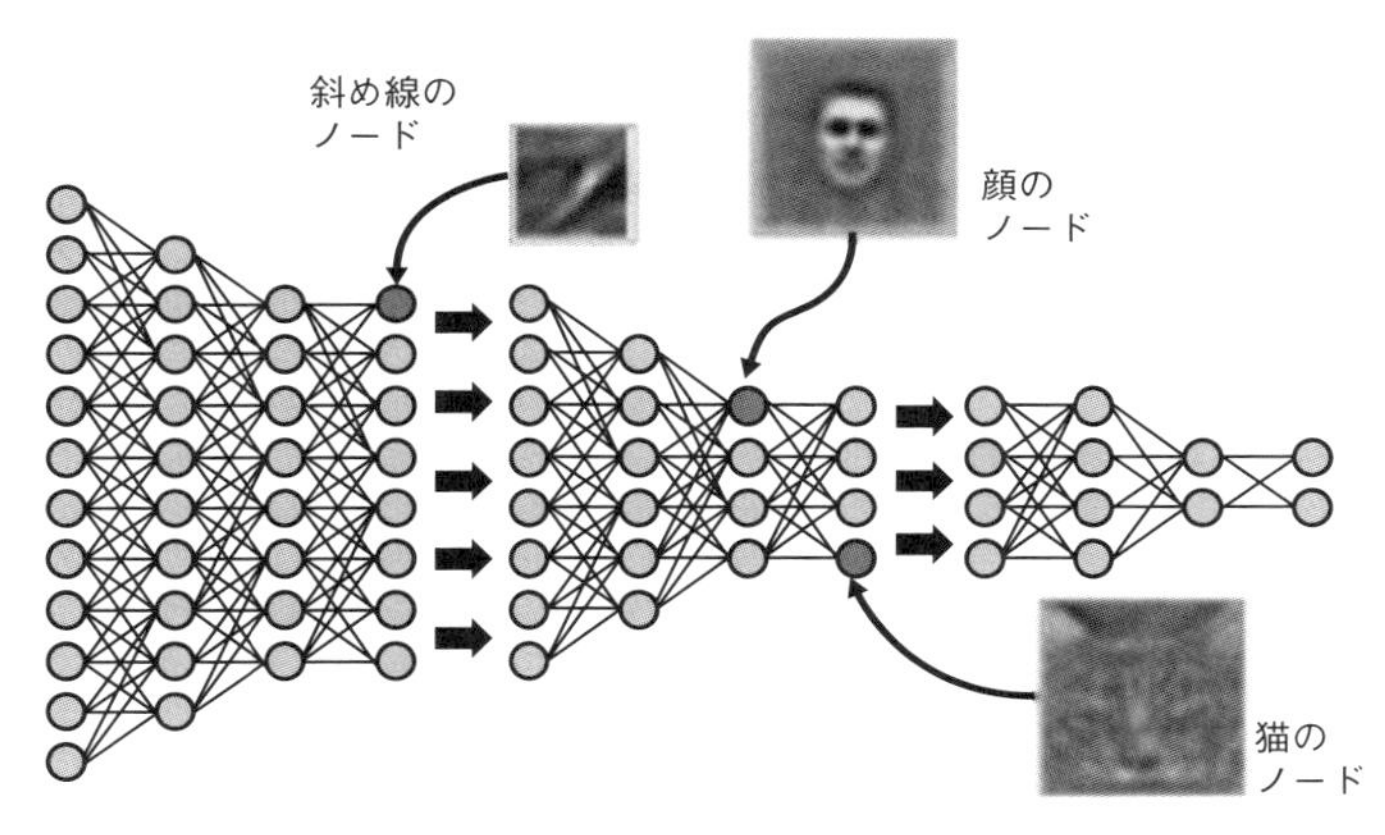

図1・5　グーグルの猫　Quoc Le, *et. al.*, "Building High-level Features Using Large Scale Unsupervised Learning", ICML2012 (2012).

単な特徴量である線や点のようなものが検出され、上の階層でより高い次元の特徴量である人の顔のようなものとか、猫の顔のようなものが自動的に取出されたというものです。このときは、グーグルの人工知能が猫の概念を発見したというい方もされました。事前に猫だということを教えたわけでもないのに、画像を復元するという行為だけで、こういう高次の特徴量を取出すことができたのですから、人間の視神経のモデルとして昔から知られているものにきわめて近いということになります。

4　ディープラーニングの実績

ディープラーニングは**画像認識**の世界で非常に大きな成果をあげています。二〇一二年の画像認識のコンペティションでは、大変優秀な成績を収めまし

	チーム名	エラー
ディープラーニング	SuperVision	15.315 %
	SuperVision	16.422 %
長年の特徴量設計の工夫	ISI	26.602 %
	ISI	26.646 %
	ISI	26.952 %
	OXFORD_VGG	26.979 %
	…	…

「ケタ」が違う

図1・6　ディープラーニングの実績 ILSVRC2012(Large Scale Visual Recognition Challenge 2012) での成績.

た。それは、図1・6の四枚の画像が何であるかを当てるというもので、左から、ヒョウ、コンテナ船、プラネタリウム、コアラが正解です。それぞれの画像の下に、コンピューターの出した答えとその確率のグラフが掲載されていますが、千ものカテゴリーのなかから当てなければいけないので結構大変です。ヒョウの画像では、ヒョウと答えた確率が一番高いので、当たっているといえます。コンテナ船とプラネタリウムも当たっていますが、コアラの画像に対してはウォンバットと答えているので、これは間違えています。四問中三問正解で一問の間違いなので、

表1・1　エラー率の変化（2012年以降）

		エラー
ディープラーニング導入前	Imagenet 2011 winner (not CNN)	25.7 %
ディープラーニング導入後	Imagenet 2012 winner	16.4 % (Krizhesvky *et. al.*)
	Imagenet 2013 winner	11.7 % (Zeiler/Clarifai)
	Imagenet 2014 winner	6.7 % (GoogLeNet)
	Baidu Arxiv paper: 2015/1/3	6.0 %
	Human: Andrej Karpathy	5.1 %
	MS Research Arxiv paper: 2015/2/6	4.9 %
	Google Arxiv paper: 2015/3/2	4.8 %

エラー率は二五％です。

二〇一一年までの技術レベルでは、エラー率は二六～二七％で、一年経過するとだいたい一％下がるというのが普通だったのです。ところが、二〇一二年のコンペティションでは、多くのチームが二六％前後の僅差で競っているところにディープラーニングのチームが現れ、いきなり一六％台を出したのですから、これはかなり衝撃的でした。しかも、ほかのチームは特徴量の設計を人間が一生懸命手作りでやっていたのに、ディープラーニングのチームはそれを自動でやって勝ったわけです。

二〇一二年以降、表1・1のようにすごい勢いで画像認識のエラー率が下がり、二〇一三年には一一・七％、二〇一四年には六・七％になりました。人間がこのタスクをやると五・一％の間違いをするのですが、マイクロソフトは二〇一五年二月に四・九％、グーグルは三月に四・八％という数字を出しました。最新の技術による世

図1・7　別人を同一人物と判定した例　F. Schroff *et. al.*, FaceNet: A Unified Embedding for Face Recognition and Clustering (2015).

図１・８　同一人物を別人と判定した例 F. Schroff *et. al.*, FaceNet: A Unified Embedding for Face Recognition and Clustering (2015).

界記録はマイクロソフトがもっていて、今は三・五％になっています（二〇一六年二月現在）。つまり、二〇一五年二月の時点で、画像認識ではコンピューターが人間の精度を超えたのです。このようなことは数年前には考えられなかったことです。まさに歴史的な出来事だと思います。

人間を超える画像認識とはどのようなことでしょうか。二〇一五年、グーグルの研究者たちは、コンピューターに八〇〇万人の異なる人間の二億枚の顔画像を学習させました。そして、二枚の顔写真が同じ人かどうかを判断するというタスクをコンピューターに課したのです。判別の精度は九九・六三％ということで、ほぼ間違いなく当たるようになり

図1・9　顔画像のグループ化　F. Schroff *et. al.*, FaceNet: A Unified Embedding for Face Recognition and Clustering (2015). 横に並べた7枚の写真が，同一人物の写真のグループとされた．　（次ページにつづく）

ました。

間違えるケースは非常に少ないのですが、図1・7には、コンピューターが隣り合った別人を同一人物と間違えて判定したケースを載せています。人間が見ても相当似ていますので、これを判別するのは結構難しいと思います。逆に、同一人物を別人と判定したケースが図1・8です。左上の最初の例で別人と判定したのは、おそ

（図１・９つづき）

らく後ろにレフリーが写り込んでいるからでしょう。同一人物でも、二、三〇年前の写真を使っていたり、役柄でつけ鼻をしていたりするものもありますが、そういう場合は別人と判定してもよいのではないかという気もします。むしろ、正解データの信ぴょう性のほうが問われます。このように、間違えても仕方がないというレベルにまで達しています。

また、図１・９のように、同一人物の写真を正確にグループ化することもできます。写真の明るさや角度、表情、サングラスや帽子の有無にも対応できるほどの頑健さももち合わせています。

5　ディープラーニング＋強化学習

今、画像認識よりもっと面白いことが起こっています。ディープラーニングと**強化学習**を組合わせることによって、行動を学習するというものです。強化学習という技術自体はすでに一〇〇年ほど前から研究されていました。人間は、サッカーボールを蹴っているうちにだんだん上手に蹴ることができるようになります。そうなるのはサッカーボールをうまく蹴ったときのやり方を繰返すからです。強化学習の用語では、うまく蹴ることができたという評価を「報酬」といいます。報酬が与えられると、その行動を強化することによって行動が学習されていきます。

昔の人工知能は、ある状態での行動に対して、報酬がもらえた場合ともらえなかった場合を組にして学習するわけですが、先述の将棋の場合と同様に、状態の記述に人間が定義した変数を使っていました。しかし、ディープラーニングと組合わせる方法では、状態を記述するのにディープラーニングで培った特徴量が使われますから、人間が状態を定義しなくても、コンピューターが学習してくれます。

技術的な違いはそれだけです。あとは今までの強化学習とまったく同じですが、その違いだけで、いろいろと面白いことが起こります。グーグルが二〇一四年に買収したディープマインドという会社の研究者たちは、二〇一三年に、ディープラーニングと強化学習を組合わせて、ゲームを学習するＡＩをつくりました。最初の例は、ブロック崩しのゲームです(注１)。ブロックを崩すと一点入ります。このスコアを報酬として、報酬を得られたときの行動を強化するという仕組みでどんどん上手になっていきます。かなり上手にはなるのですが、この程度であれば、昔のＡＩでもできたはずです。しかし、昔のＡＩではボールや動くバーを人間が定義する必要がありました。ところが、ディープラーニング＋強化学習という方法では、画像を入れるだけで勝手にうまくなるのです。しかも、やがて端を狙うということをやり始めます。このゲームをやったことがある方にはわかると思いますが、左端や右端のブロックを崩して通路をつくると、たくさんの点が入ります。そういうことまで見つけるのです。

これとまったく同じプログラムを使って、昔ながらのインベーダーゲームも学習させることができます(注２)。画像を入力してスコアを報酬にしているだけですから、ブロック崩しとまったく同じプログラムで動きます。従来ならば、どれがインベーダーで、どれがミサイルかというのを定義し

（注１）https://youtu.be/V1eYniJ0Rnk に動画がある。
（注２）https://youtu.be/ePv0Fs9cGgU に動画がある。

なければいけなかったのですが、それをいっさいやらずに上手になるということです。

アタリ（ATARI、米国のビデオゲーム会社）のゲームで実験に使われた約六〇種類のうち、三〇種類以上で、コンピューターが人間のハイスコアを上回るぐらい上手になります。残りの三〇種類はパズル系か冒険系のゲームで、記憶や思考を必要とするようなゲームは下手ですが、インベーダーゲームのように運動神経や反射神経だけで操れるゲームは、人間よりもうまくできるようになります。

実世界への適用

ここまでできるようになると、これをロボットに適用すれば、ロボットの操作がうまくなるだろうということが予想されます。それを二〇一五年五月にカリフォルニア大学バークレー校の研究室がやりました(注3)。ロボットが、おもちゃの飛行機の部品を本体に組込む作業をします。うまく取付けることができると報酬がもらえます。カメラで上から撮った画像を入力していますから、ブロック崩しとまったく同じ設定です。最初は下手ですが、徐々にうまくなってきます。たまたまうまくいくと、そのやり方を繰返して強化することで上達します。結構荒っぽいやり方で、適当に入りそうなところに当ててガチャガチャ動かし、入ったら押し込むということをやっています。およそ今までのロボットらしくない動きです。また、レゴ同士をくっつけるという作業は、位置と角度が合わないとできませんから、今まではロボットにとって非常に難しい作業でした。それもできるようになっています。どういう状態になったときに報酬を与えるかという条件を変えることで、いろんな行動を学習させることができます。ここでも、記憶や思考を必要とするような難しいことは当然できないのですが、運動神経だけでできるようなことは上手にできます。瓶の蓋を閉めるという作業にしても、蓋を逆方向に一回ひねってから回すということをやっています。

やはり昨年の五月に、プリファード・ネットワークスという日本のベンチャー企業が、これと同じ技術を使い、レーシングサーキットで運転を学習するＡＩという設定で、ミニカーの開発を進めています(注４)。視野が三二方向にありますので、どれだけの距離のところに障害物があるのかがわかります。ハンドルやアクセル、そしてブレーキもありますが、操作の方法はいっさい教えません。報酬の設定が重要ですが、前に進むと報酬がもらえ、壁や他の車にぶつかると報酬が減るという設定で学習させます。学習開始当初は上手に動けずにモゾモゾしています。前に進みたいのだけれど、進み方がよくわからないといった感じです。しばらくすると徐々に前に進めるようになりますが、まるで下手な運転手のように、壁や他の車にぶつかりながらの運転です。しかし、最終的には、コー

（注３）https://youtu.be/JeVppkoloXs に動画がある。
（注４）https://youtu.be/a3AWpeOjkzw に動画がある。

ナーの曲がり方やブレーキのかけ方も上手になって、ヘアピンカーブもきれいに曲がります。これだけ上手に運転できるようになると、インドの交差点のように車の数がかなり多いところでも、普通に運転することができます。

こういうことを実物の小さいミニカーを使って実験しています。最初のうちは、コンピューター上のモデルと同じように、ぶつかったり、くるくる回ったりして下手なのですが、だんだんと上達していき、最終的には、小さいスペースでも器用に別の車や障害物をかわしながら上手に動くことができるようになります。今までのやり方でやろうとすると、他車の位置を検出して、それが三〇センチメートル以内にある場合は右に曲がるというようなことを、ひたすら書くしかなかったのですが、そういうことはまったくやらずに、ディープラーニングで画像認識をし、あとは強化学習をするだけでできるようになっているのです。

プリファード・ネットワークスとトヨタが一緒に開発している人工知能搭載自動運転車が、二〇一六年一月に米国で開催されたコンシューマー・エレクトロニクス・ショーで展示されました(注4の動画URL参照)。試行錯誤を経て学習したあとの白い車はどれも大変上手に走ります。赤い車は人間が操作している車ですが、人間がわざと滅茶苦茶な運転をしても、白の自動運転車は大人の対応でぶつかることはありません。無理やりぶつかりにいけば、さすがにぶつかってしまいますが、普通に運転している限りはきちんとよけていきます。

こうしたことは結構すごいことですが、よく考えてみれば、運動が習熟するのは人間に限ったことではありません。犬や猫でもできるのです。フリスビーを投げているうちに、それを上手にキャッチするようになる犬には、高度な知能や言語能力は必要ないのです。つまり、これまで強化学習がうまく働かなかったのは、ある種の状況でどういう行動をすればよいのか、あるいは悪いのかという、状況の認識（特徴量の抽出）ができなかったからです。今、その認識ができるようになったので、行動の習熟も普通にできるようになっているということです。

6　モラベックのパラドックス

人工知能の分野では、長年にわたって、子供のできることほどコンピューターにやらせるのが難しいと言われてきました。実は、一九六〇年～七〇年代の人工知能研究の初期に、大人あるいは専門家にしかできないとされてきた医療診断や定理の証明、あるいはチェスをするというようなことは、かなりの部分が人工知能で実現されていたのです。ところが、画像認識や積み木を上手に積むといった子供でもできるようなことは、いっこうにできるようにならないという状況が数十年続いてきました。ハンス・モラベック（Hans Moravec, 1948 -）、ロドニー・ブルックス（Rodney Allen Brooks, 1954 -）、マービン・ミンスキー（Marvin Minsky, 1927 - 2016）らは、それをパラドックスだと提唱したのですが、その状況が今、変わってきています。ここ三年くらいの間に、画像認識で人間の精度を上回りましたし、運動の習熟もできるようになりました。

何がポイントだったかというと、結局、現実世界の森羅万象から特徴量を抽出するところが最も知能を必要とするところで、そこは計算量が大きくて大変なところだったということです。これが、最先端の計算技術を用いることによって、ようやく可能になってきたのです。

人間はこういう大変なことを、〇歳とか一歳の赤ちゃんのときにやっています。一番頭のよいときですから、泣いて寝ているだけではなくて、自分が次に何を見たり聞いたりするのかを予測しながら、オートエンコーダーのような仕組みで特徴量を少しずつ積み上げているのです。二歳ぐらいになると言葉を覚え始めます。お母さんが、猫とか犬とかの言葉を教えて、それを覚えるということは、赤ちゃんの中に猫や犬の概念ができあがっているということです。いったん言葉を覚え始めるとすごい勢いで覚えていきますが、その頃には、概念がすでに相当高いところまで組上がっているのだろうと思います。

7　ディープラーニングの人工知能における意味

ディープラーニングというのは五〇年来のブレークスルーだと思っています。ただし、ディープラーニングの方法というのは決して突飛なものではありません。古くは一九八〇年に、当時、NHKの放送技術研究所にいた福島邦彦先生がネオコグニトロンという名前で提案しています。これが今のディープラーニングにそっくりなので、ディープラーニングは日本発だと言っても過言ではないのですが、当時の計算技術ではとてもできませんでした。グーグルの顔認識の例にしても、グーグルのサーバーを使って学習させるのですが、二、三カ月間コンピューターを回しっ放しにして、ようやくあそこまで精度が上がるということですから、やはり今の計算技術がなければできないことなのです。

人工知能の分野は、人間の知能をコンピューターで実現することができるのではないかという非常に野心的な仮説でスタートしました。アラン・チューリング（Alan Turing, 1912 - 1954）は、万能チューリングマシンという概念で、人間の脳はある種の電気回路であり、人間の脳がやっていることは情報処理だと考えると、すべての情報処理はコンピューターで実現できると言いました。

人間の脳がやっていることが情報処理だとしたら、コンピューターで同じようにできない理由を探すのは非常に難しいということで始まったわけですが、六〇年たってもいっこうにできるようにならなかったのは、認識という最も計算量が大きくて最も大変なところができなかったことが問題だったと思っています。その問題は解消されました。そうであれば、「知能はコンピューターで実現することができる」という初期の仮説に戻ったほうがよいのではないかと思います。潜在的には、産業としても、科学としても、非常に大きな可能性を秘めているのですから。

8　ディープラーニングの今後の発展

今後のディープラーニングは、大雑把に言うと、**認識**、**運動**、**言語**という順番で進んでいくと思います。認識のところはだいぶできるようになっています。動画の認識など、ちょっと弱いところはありますが、ほぼ人間並みか、あるいは、それ以上になっていると思います。運動に関しては、行動を習熟することはできますが、より複雑なタスクはまだできていません。

言語というのは、言語の意味を理解できるようになることです。今でも自然言語処理とかグーグル翻訳のようなものはありますが、今の技術は統計的自然言語処理といいます。翻訳の場合は、ある英語の文字列がある日本語の文字列に置き換わる可能性がどのぐらいあるかということを統計的に計算し、確率の一番高い文字列を当てはめているだけで、文の意味内容を理解して翻訳しているわけではありません。言語体系の近い日本語と韓国語、あるいは英語とスペイン語を翻訳するというのであればうまくいきますが、そうではない言語は難しくなります。ここでいう言語とは、意味を理解したうえでの言語処理です。文を聞いてイメージを思い浮かべることができる。反対に、思い浮かべたイメージから文を生成できる。つまり、文とイメージの相互変換能力が必要です。こういうことができるようになると、英語で言われたことを思い描き、それを日本語で表現することができますから、意訳ができたり、要約ができたりします。したがって、ほんとうの意味での翻訳ができるということになります。

ディープラーニングの今後の技術的な発展をまとめると、表１・２のようになるかと思います。これを見ると、ディープラーニングがすごいというより、その先に広がる世界がすごいということがわかります。

技術の発展と社会への影響

図１・10は、ディープラーニングをベースとしたＡＩの技術的発展（①から⑥へのステップ）が、二〇三〇年ぐらいまでにこのように起こるのではないかと考えて描いた二〇一四年九月時点での未来予測です。このような技術が進展していくと、できることも増えてきます。画像による診断、防犯・監視、自動運転、物流、農業の自動化、家事・介護、翻訳、教育、秘書というような順にできるようになるのではないかと思います。濃い影をつけた部分はすでに技術として実現されているところです。やはり、米国やカナダがリードしているのですが、二〇一四年九月には最初のラインまで来ていました。ところが、一年たつと次のラインまで進み、それから四カ月たったときには最後の線まで進んできました。

表1・2　ディープラーニングの今後の技術的発展

発展の段階	可能となること	
① **画　像** 画像から，特徴量を抽出する．	画像認識の精度向上	認識
② **マルチモーダル**（複数の感覚に対する情報を組合わせた情報） 映像，センサーなどのマルチモーダルなデータから特徴量を抽出し，モデル化する．	動画の認識精度の向上，行動予測，異常検知	認識
③ **ロボティクス**（行動） 自分の行動と観測のデータをセットにして，特徴量を抽出する． 記号を操作し，行動計画をつくる．	プランニング，推論	運動
④ **インタラクション** 外界と試行錯誤することで，外界の特徴量をひき出す．	オントロジー，高度な状況の認識	運動
⑤ **言葉とのひもづけ**（シンボルグラウンディング） 高次特徴量を，言語とひもづける．	言語理解，自動翻訳	言語
⑥ **言語からの知識獲得** グラウンディングされた言語データの大量の入力により，さらなる抽象化を行う．	知識獲得のボトルネックの解決	言語

今（二〇一六年二月）はすごい勢いで進んでいて、一年半前には二〇二五年ぐらいまでかかるのではないかと思っていたことも、すでにでき始めています。それは言語理解の最初の段階です。たとえば、図1・11の左上の写真を入力すると、コンピューターは、"man in black shirt is playing guitar." という文を生成して出力します。その右の写真を入れると、"girl in pink dress is jumping in air." というの

図1・10　ディープラーニングをベースとするAIの技術的発展　(2014年9月予測)

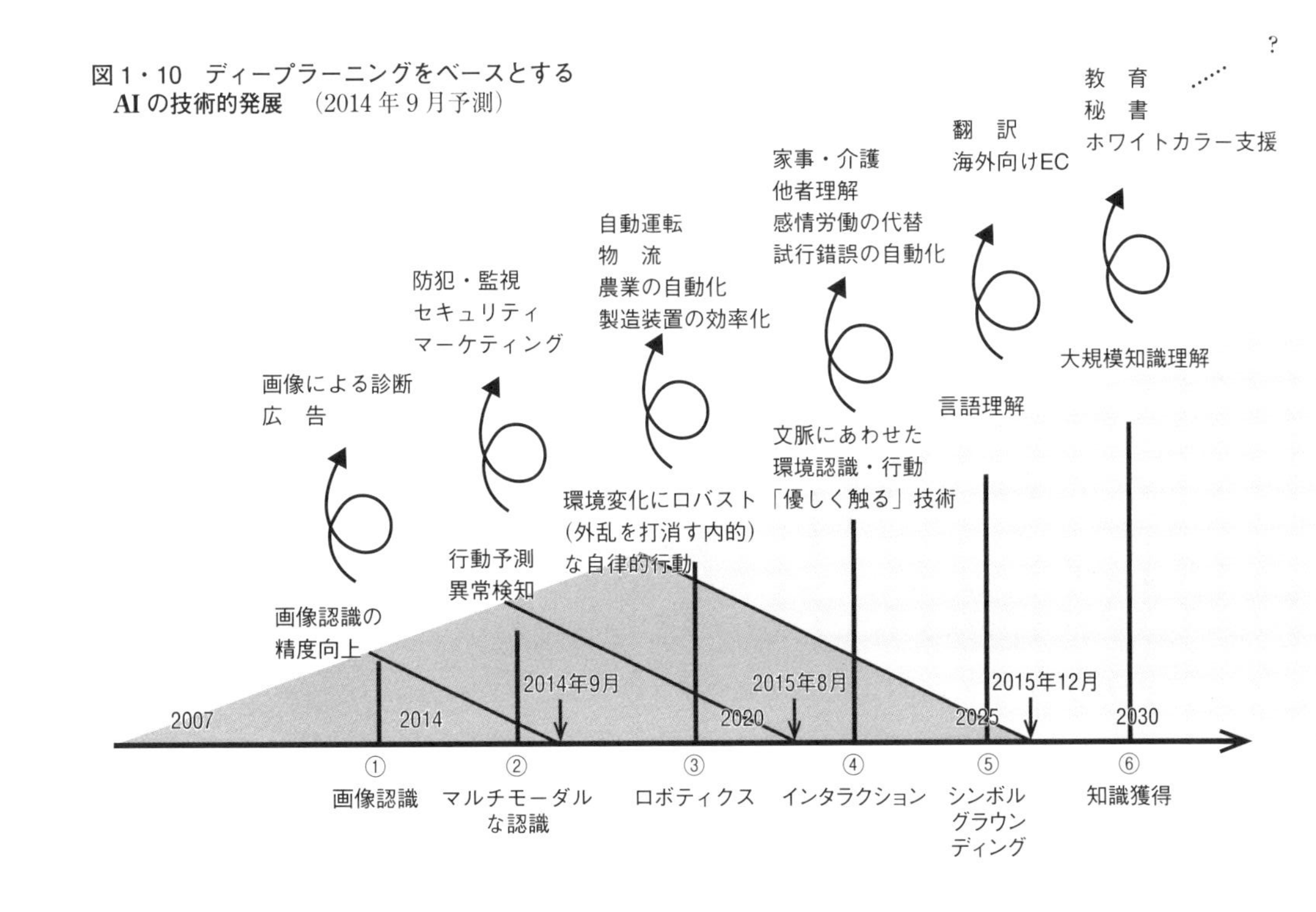

を出力します。つまり、その他の例を見てもわかるように、写真に何が写っているかを記述できるようになっているのです。

これくらいであれば、画像認識を少し進めた程度だという感じですが、二〇一五年末の学会ではさらにすごいことができていました。つまり、逆ができるようになっていたのです。たとえば、"A very large commercial plane flying in blue skies."（とても大きな民間航空機が青空を飛んでいる）という文を入れると、図1・12の左上にある絵を生成します。"blue skies"を"rainy skies"（雨空）に変えると、その右にあるような雨模様の絵になります。また、"A herd of elephants walking across a dry grass field."（象の群れが砂漠を歩いている）では左下の絵を生成し、"A herd of elephants walking across a green grass field."（象の群れが緑の平原を歩いている）と入れるとその右の絵を出力します。今はこの程度の解像度でしか出力できないのですが、これは画像を検索して引張ってきているのではなくて、自力でつくっているからです。したがって、"A stop sign flying in blue skies."（停止標識が青空を飛んでいる）と入れると、停止標識が空を飛んでいる絵を描きます。これは、まさに、人間が物語を聞いて、その情景を頭の中に思い浮かべるのとほぼ同じことができるようになっていることを示しています。

そこで、二〇三〇年までにもっと先に行くのではないかと思って、二〇一五年一二月に描き直したマップが図1・13です。人工知能の研究というのは、やはり認識というところが一番難しくて、

"man in black shirt is playing guitar."

"girl in pink dress is jumping in air."

"construction worker in orange safety vest is working on road."

"two young girls are playing with lego toy."

"boy is doing backflip on wakeboard."

"black and white dog jumps over bar."

"young girl in pink shirt is swinging on swing."

"man in blue wetsuit is surfing on wave."

図１・11　イメージから自動的に文章を作成する（2014－）　http://cs.stanford.edu/people/karpathy/sfmltalk.pdf

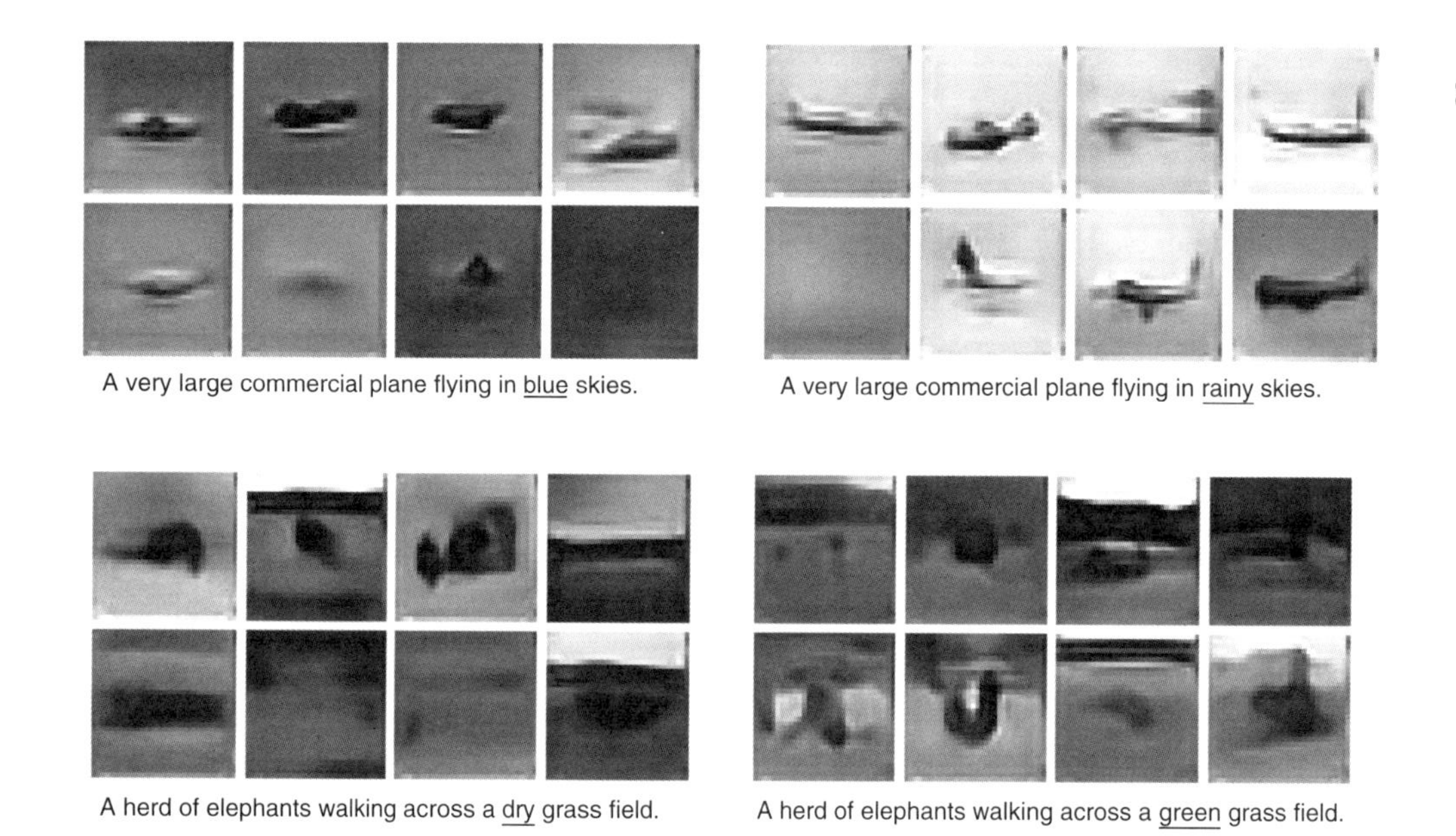

図 1・12　文章から自動的にイメージを作成する (2015.12-)　カラー版は Elman Mansimov *et. al.*, "Generating Images from Captions with Attention", Reasoning, Attention, Memory (RAM) NIPS Workshop 2015 (2015) 参照.

図1・13　技術の発展と社会への影響
（2015年12月，新バージョン）

2～3年の産業化のラグが伴う.
（ハードが関係するとさらに遅くなる.
社会制度が関係するともっと遅くなる.）
哲学・言語学の諸問題の解決
意識のアップロード化？
経済・社会予測精度の向上
AIによるノーベル賞
ビッグデータ分析の自動化
マーケティングの自動化
人間の認知・
知能の解明
教　育
秘　書
ホワイトカラー支援
科学的発見
経済・社会現象の予測
家事・介護
他者理解
感情労働の代替
試行錯誤の自動化
翻　訳
海外向けEC
自動運転
物　流
農業の自動化
製造装置の効率化
防犯・監視
セキュリティ
マーケティング
自動プログラミング
数的な特徴量の生成
画像による診断
広　告
大規模
知識理解
言語理解
文脈にあわせた
環境認識・行動
「優しく触る」技術
環境変化に
ロバストな
自律的行動
行動予測
異常検知
画像認識の
精度向上
2007
2014
2015
2020
2025
2030
①
画像認識
②
マルチモーダルな認識
③
ロボティクス
④
インタラクション
⑤
シンボルグラウンディング
⑥
知識獲得
⑦
数的操作
⑧
対象のモデル化
⑨
意識・自己・再帰

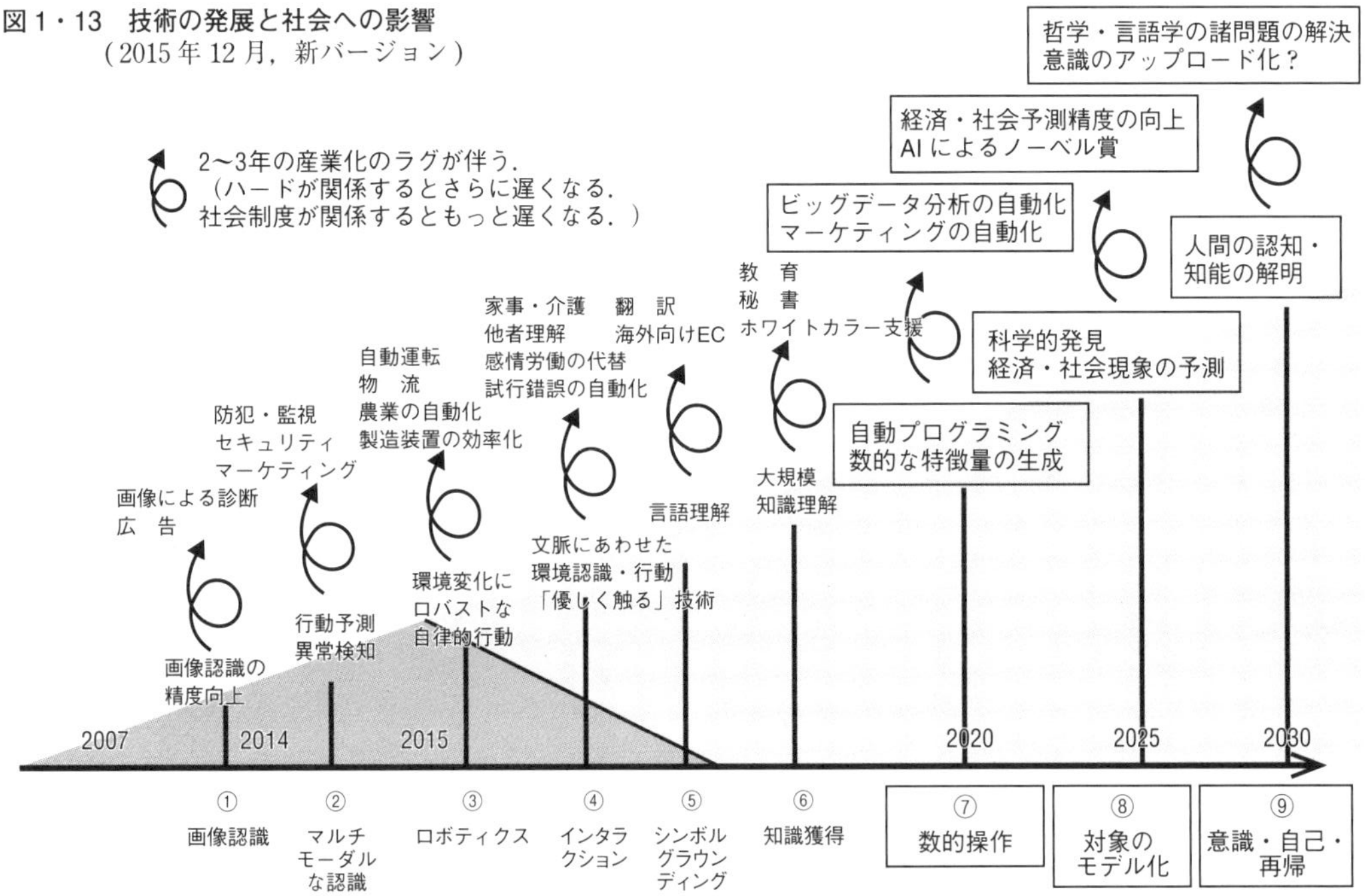

そこでずっと滞っていたのですが、それが一気に越えられたものですから、そこから先はすごい勢いで進んでいます。二〇三〇年までにはビッグデータ分析やマーケティングなどの数的な操作ができるようになり、科学的な発見や経済・社会現象の予測といったこともできるのではないか。さらには人間の認知・知能の解明というところまで行く可能性も、今の進歩のスピードからすると、あるのではないかと思っています。

「子どもの人工知能」と「大人の人工知能」

最近、人工知能という言葉が非常によく使われているわけですが、それを二つに分けて、「大人の人工知能」と「子どもの人工知能」というふうに分けたいい方をしたほうがよいと思っています。

先に紹介したモラベックのパラドックスのように、人工知能の分野では、子供のできることほどコンピューターにやらせるのは難しいという状況が数十年続いてきましたが、これが今変わりつつあるわけです。つまり、ディープラーニングによって認識能力が向上し、運動の習熟ができて、言語の意味理解に至る。この一連の技術をさすのが、「子どもの人工知能」です。

「大人の人工知能」という場合は、ビッグデータやＩｏＴ(注5)の世界です。ここでは、これまでデータがとれなかった領域でデータがとれるようになってきましたので、そこに既存の人工知能の技術を使うとさまざまな面白いことができるというわけです。これも重要な世界観です。「大人の人工知能」は、販売やマーケティングと相性がよかったのですが、今後は医療、金融、教育といった分野にも適用できると思います。科学技術における人工知能の活用も、「大人の人工知能」の文脈でどんどん進んでくると思います。

一方で、「子どもの人工知能」のほうは、認識能力や運動能力といったカメラ、ロボット、機械に適した技術で、ものづくりと相性がよさそうです。日本にとっては、「子どもの人工知能」はチャンスが大きいのではないかと思っています。

既存産業の発展

ディープラーニングの進展によって、今後は、農業、建設、食品加工、組立加工などの産業が大きく変わってくると思います。これらの産業は自然物を扱っているわけですが、自然物を扱っている限り、形も大きさも一個一個違いますから、認識できなければ自動化は困難です。いまだに苺を摘み取るロボットはありません。今までの技術では、どこに苺があるのか、熟しているか、枝振りはどうかということをきちんと把握して上手に摘み取ることはできなかったわけです。

（注5）Internet of Things の略。さまざまな「モノ」がインターネットに接続され、情報をやり取りしてシステムとして必要なことを実行すること。

農業は全体的にいろいろなところで人手がかかります。そこでは人間の認識能力を使っているのです。収穫を判定したり、トラクターやコンバインを動かしたり、選別したりするところが自動化できるようになると、産業的には非常に大きなメリットがあります。建設業にしても、測量、掘削、基礎工事、外装内装作業など、ほとんどの工程は人間がやっています。食品加工でも、多くの工程を自動化することができます。ステーキ肉を切ることですら、肉の形や脂身のつき方が一個一個違うので、人がそれを認識して切っています。海老の殻をむくのも、ジャガイモの芽をとるのも人がやっている。調理全体が非常に人手がかかっていますから、ここが自動化されると相当大きな産業になるはずです。

このように、世の中には、機械で画像認識ができないから人間がやっているという仕事がたくさんあります。それが自動化されると、たとえば、監視のコストは人がやるのに比べて一〇〇分の一以下になります。したがって、森林を管理したり災害の予兆を見張ったりすることも可能になります。

私たちは、機械は機械的な動きしかできないし、ロボットはロボット的な動きしかできないと思い込んでいます。「機械的」、「ロボット的」という形容詞そのものがそれを表しているわけですが、機械も習熟しますし、ロボットも上達します。だからこそ、農業、建設、食品加工のような自然物を相手にしている産業で大きな変革を起こすことができるのです。

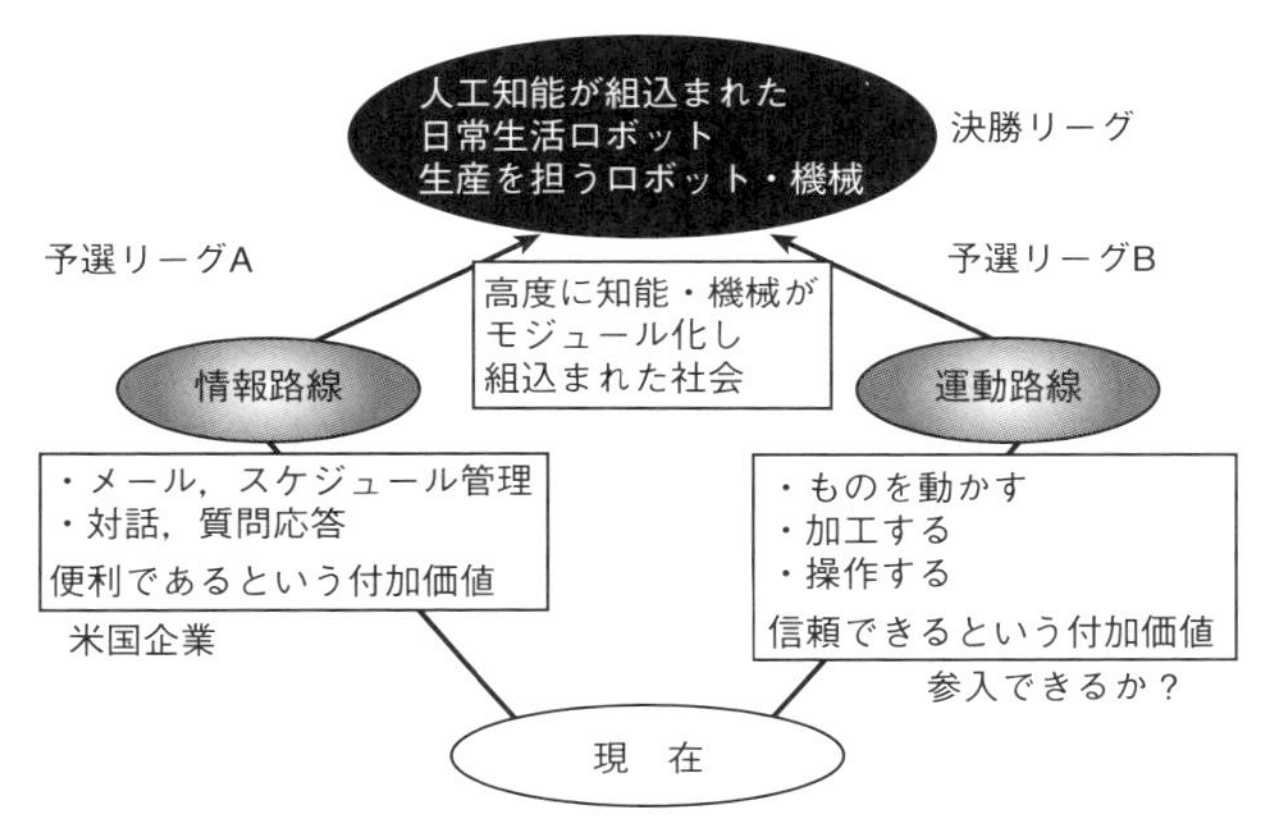

図１・14　産業としてみたときの方向感

産業としてみたときの方向感

日常生活あるいは仕事の場面で、自動化・機械化されていないところは数多くあります。それが一気に変わってきますので、ここには非常に巨大な産業が生まれると思っています。人々の生活の中に、ロボット、機械、人工知能が高度に織り込まれ、それらが日常生活・仕事の中で使われていくような世界がやってくるのではないかと考え、それを**決勝リーグ**と名付けました（図１・14）。

そこに至る道は二本あります。一つは**情報路線**の予選リーグで、秘書のようにメールやスケジュールなどの管理をして情報的に助けます。この分野はグーグル、フェイスブック、マイクロソフト、アマゾン、アップルといった米国企業が強いので、割り込むことは難しいでしょう。

もう一つの予選リーグである**運動路線**のほうは、掃除をしたり物を運んだり調理をしたりするメイドのような仕事で、信頼という付加価値があります。こちらはがら空き状態で、世界的にみても、そういうことに強い企業は見当たりません。有望な産業は自動車や産業用ロボット、あるいは、建設機械、農機、食品加工などだと思います。日本はこの分野でのシェアが高いので、関連企業はディープラーニングなどを使って競争力をつけていけば、この予選リーグを勝ち上がり、グーグルやフェイスブックなどと決勝リーグで戦える可能性は十分にあると思っています。

9　変わりゆく社会

人工知能に関しては、産業の話だけでなく、社会全体でさまざまなことを議論していかなければいけないと思います。倫理や社会制度の議論（自動運転による危機回避、人命の重さなど）、人工知能システムが社会に広がったときの不具合の問題（製造者の責任、保険など）、また、心をもつように見える人工知能をつくってよいかという問題もあります。犯罪に利用されることをどうやって防ぐかということや、軍事に利用されないようにすることなども重要な課題だと思います。人工知能がデザインやロゴをつくり出すことも簡単にできるようになるとすれば、知的財産を生み出す場合の権利についても議論が必要です。

認識能力が上がることで、防犯性は大きく向上しますから、事故も減ると思いますが、一方で、いつも見られているのは何だか嫌だと感じることもあるのではないでしょうか。このように、今まで意識されなかったような、見られない権利、忘れられる権利、よいところだけを見せる権利、好きになる権利など、人間が本来的にもっている権利があるのではないかといった議論もしっかりしていく必要があるだろうと思います。

人工知能は人間を襲うのか？

人工知能は人間を襲うのかという質問をよくされます。『ターミネーター』や『二〇〇一年宇宙の旅』といった映画のように、最後に人工知能が反乱するという映画は数多くありますが、それは知能と生命の混同だと思います。人間は知能をもった生命です。知能というのは目的が与えられたときの問題解決の力です。片や、生命は目的をもっています。自分を守りたい、子孫を残したい、仲間を助けたいというような目的です。人間は、生命の目的を非常に高い知能を使って実現しています。人工知能というのは知能の技術ですから、人工知能が発展しても、どこかの段階でいきなり生命的な目的をもつようになるとは考えにくいと思います。

最も大事なことは、どういう目的を設定するかということです。よい目的を設定すればよいことに使われるし、悪い目的を設定すれば悪いことに使われます。したがって、人工知能の悪用や軍事利用にはよほどの注意が必要です。よい悪いがはっきりしていればよいのですが、世の中はそんなに単純ではないでしょう。

自動運転による事故が心配だという議論があります。制限速度を一〇キロにすれば、誰も死ぬことはなくてよいかもしれません。しかし、時速一〇キロでは遅すぎて、誰もその車に乗りたくないだろうと思います。利便性と安全性は本質的にトレードオフ(注6)です。何を選ぶかは社会が決めなければいけません。それは、経済効率のために人命をどれだけ犠牲にしてよいのかという、かなり難しい問題をじかに突きつけられるということです。

このように、人工知能が使われるようになったことで、今まで何となくごまかしてきた課題がみえてきました。歴史的にこうした問題と取組んできたのは人文社会学でした。特に、哲学、政治学、社会学、法学、心理学、経済学といった分野の学問は、今後ますます重要になります。

人間の人間性とは？

究極的には、「われわれはどういう社会をつくりたいのか」ということを明確に意識する必要があります。ここが決まれば、人工知能・ロボットを使ってそういう社会を実現していくことは、今までよりもずっとやりやすくなると思います。ただ、これは非常に難しい問いになります。人間というのは生物ですから、種が生き残ることは非常に重要な目的だろうと思います。人間が、千年、一万年、あるいは十万年後でも存在できるように、エネルギーを使わないようにしようとか、多様性を維持した社会をつくろうというようなことは大変重要な目的だと思います。一方で、働きがいや生きがいというのは、こういう社会をつくりたいとか、こういうことが幸福だというように、人間が本能としてもっているところにかなり依拠していますから、「われわれ人間はどのような人間性をもっているのだろう」というところを議論していく必要があると思います。

日本の社会課題を人工知能で解決する

私は、日本における社会課題のかなりの部分が人工知能で解決できるのではないかと思っています。日本は少子高齢化で労働力が不足しています。しかしながら、頭脳労働者はそれほど不足しているわけではありません。不足しているのは肉体労働者です。農業、建設、物流、介護、廃炉、熟練工の後継者などは、すべて運動を伴う労働です。こういうことが、「子どもの人工知能」、すなわちディープラーニングによる認識技術と行動の習熟ができる機械・ロボットによって解決できる可能性が高いと思います。

農業分野に習熟したロボットを使って、休耕地を耕すことができますし、害虫を取除くことで無

（注６）一方を選択すれば他方を犠牲にしなければならない関係。

農薬化も可能になります。また、手入れをきちんとすれば、収量も増えることでしょう。つまり、農家の収入アップにつながります。

介護分野に適用すれば、介助も楽になるかもしれません。移動したりトイレに行ったりすることも、今までよりずっとやりやすくなりますから、高齢者の自律的な生活を大いに助けることができるようになるでしょう。

原子力発電所の廃炉作業では、今でも非常に多くの人が防護服を着て一生懸命に働いていますけれど、その作業をロボットができるようになってくると、工期が短縮できます。そうすると、福島が何年か早くもとに戻ることも可能だろうと思います。

こういった技術をグローバルに売ることができれば産業競争力が高められます。どの国でも少子高齢化は起こりうるわけですから、そうした国に製品やサービスを売っていくと、ＧＤＰを六〇〇兆円にすることも不可能ではないと思っています。

人工知能による「ものづくり」の復権へ

人工知能は日本にとってよい条件がそろっています。特に「子どもの人工知能」は、広い意味で「ものづくり」と相性がよいので、日本の強みを生かすことができます。ロボットや機械とディープラーニングとを組合わせて製品をつくるということは、ロボットや機械に小脳ができるようなものです。小脳ができると、徐々に上手な動きができるようになりますが、今度は、ハードウエアの性能が重要になってきます。そうすると、軽い素材であるとか、非常に高い瞬発力で作動するといったようなことが、よい機械やよいロボットをつくるうえで重要なことになります。日本は素材や駆動系が強いので、こうした強みも生かしていけるのではないかと思います。

日本に人工知能の研究者の数が多いことも強みです。すなわち、知能の本質を考え続けた人が多いということです．それに、今は第三次のＡＩブームです。大きな組織のトップに近い方たちのなかには、第一次や第二次のブームを知っている方も多くいますので、大きな組織も動きやすいと思われます。また、インターネットの世界と違い、人工知能の世界はアルゴリズムです。それを製品にのせて売っていけばよいので、言語はハンディにはなりません。

このように考えると、人工知能による「ものづくり」には、日本にとって非常に大きなチャンスが数多くあるのではないかと思います。では、チャンスを生かしていくためにはどうしたらよいのでしょうか。一つは人材育成です。東京大学でも、ディープラーニングの人材を一刻も早く育成しようということで、二〇一七年から寄附講座をつくろうとしています。しかし、それでは遅いので、実は、二〇一五年の一一月から自主講義というかたちでディープラーニングの講座を設けました。東京大学のなかから一〇〇人の学生が応募したのですが、それを三三名に絞り、そのなかの二八名が卒業しています。企業でもこういった人材育成は重要だと思います。

それから、事業がどう変わるかというのを、さまざまな企業の方、経営者の方が検討するということも重要だと思っています。人工知能の新たなポイントは、認識ができるようになったことと運動の習熟ができるようになったという、この二点です。それでコスト構造がどう変わるのか、競争力がどう変わるのかということを見抜いて動いていかなければいけません。

最後に、社会全体で新しい未来のかたちを描いていくことが肝要です。こういう人工知能・ロボットの技術は人間の幸せのために使うというのが一番重要だと思います。どういった社会をつくりたいのか。こういうテクノロジーを使った理想的な未来にはどういうものがあるのか。そういうことを皆で想像力を働かせて議論していくことが、非常に重要ではないかと思っています。

第2章　タンパク質を素材として使いこなす

関山和秀

1　世界で最も革新的な素材

私は山形県の鶴岡市に住んでおり、そこで大学発ベンチャーを作りました。二〇〇七年に三人で作った会社ですが、今では一一〇人ぐらいになりました（二〇一五年度末時点）。社員の一割ぐらいは海外から来たメンバーで、国際的になりつつあります。私たちは「クモの糸の研究開発をやっています」と、ご紹介いただくことが多いのですが、実際はもう少し広い範囲のタンパク質を扱っています。

素材という観点から、お話を始めます。歴史を振返ると、素材が使いこなされることで、人間の文明や社会は大きく変化してきました。人間がこれまでどういう素材を使いこなしてきたのかを考えてみます。

最初の素材は**土器**です。二万年ぐらい前の最古の土器といわれているものが中国で発見されています。次の素材分野における大きな新奇発見（イノベーション）は**金属**です。金属は七千年から八千年前に、メソポタミアで使われ始めました。金属が使われ始めると、農機具が進化して農業が発展した一方、新たな武器がつくられ、戦争のあり方が変わる、というように、よい変化もあれば、悪い変化もありました。

人間は、金属の他にもたくさんの素材を使いこなしてきました。最近の大きなイノベーションでは**石油化学**があります。石油化学は百年ぐらい前から使われ始めたのですが、ベークライトから始まって、ナイロン、ポリエステルなどの素材が使われ、私たちの生活にはなくてはならない素材になっています。石油化学が発展してきたことで、人間の生活や、社会、文明は大きく進歩しました。その一方で、負の側面もありまして、この化石資源は枯渇資源であって、使い続けることはできないこと、環境への影響が大きいことも顕在化し始めています。

そんななかで、次に起こる素材分野での大きなイノベーションは何かと考えたときに、私たちが注目しているのが**タンパク質**です。タンパク質は、私たちの体を構成している大事な物質です。水を除けば、人間の体の大部分はタンパク質です。人間の体は数万種類のタンパク質でできていて、髪の毛・皮膚・筋肉・爪・内臓・ホルモン・酵素など、すべてタンパク質でできています。**クモの糸**もタンパク質ですし、シルク(絹)やウールなど、いろんなものがタンパク質でできています。このタンパク質は、生物が三八億年前から使っている、最もイノベーティブで、最も古い歴史のある素材です。

タンパク質は二〇種類の**アミノ酸**という分子からできています。形、大きさ、機能がそれぞれ異なる二〇種類のアミノ酸が、だいたい五〇個から三〇〇〇個ぐらい直鎖状につながってできています。そして、アミノ酸の並び方が違うことで数万種類の素材がつくられています。クモの糸も、どういうアミノ酸をどういう順番で何個つなげていくかがわかれば、つくることができます。たった二〇種類のアミノ酸の組合わせで、クモの糸やシルク、髪の毛、皮膚、筋肉、酵素やホルモンなど、動植物や微生物の体を構成する材料がつくられています。

すべての細胞の中には**DNA**が入っています。DNAにはタンパク質の設計図が書き込まれています。設計図には、どういうアミノ酸をどういう順番で何個つなげていくかという情報が書き込まれており、その部分を**遺伝子**といいます。人間の場合は、数万種類のタンパク質があって、つまり数万種類の遺伝子があって、必要なときに必要な素材を必要なだけつくり出しています。この仕組みは、微生物でも、人間でも、クモでも同じです。つまり、細胞は一つの工場みたいなもので、設計図さえ手に入れれば、好きなときに好きな素材がつくれます。私たちは、このメカニズムを使いこなして汎用的な素材のプラットフォームをつくりたいと考えています。三八億年の間、生物はタンパク質を自分たちの基幹素材として使ってきていますが、人間はタンパク質を素材として使いこなしているとはいえません。これを産業的に使いこなせるようにすることが、私たちが行っている研究です。

この研究は、内閣府のImPACT(注1)というプログラムに採択されています。ImPACTは、アベ

(注1) ImPACT：内閣府総合科学技術イノベーション会議の革新的研究開発推進プログラム。

ノミクスの三本の矢の成長戦略の要になっているプロジェクトで、次の基幹産業になる可能性がある、たとえハイリスクでも成功したら社会に強いインパクトを与えうる革新的な研究開発に、国として投資しようというものです。二〇一四年に一二のプロジェクトが選ばれ、研究開発が行われています(注2)。総額で五五〇億円ほどの予算がついていますが、私たちのプロジェクトも採択されました。ImPACTに採択されているプロジェクトは、そのほとんどが日本を代表する大企業や大学がコンソーシアムを組んで提案しているものなのですが、そのなかで私たちのプロジェクトはおそらく唯一、ベンチャー企業がイニシアチブをとっていて、しかも地方発であるということで、内閣府からも強力に応援をしていただいております。

このプロジェクトが目標にしているのは、世界の合成高分子の二〇%をタンパク質に置き換えることです。市場規模も非常に大きいですし、市場規模よりもさらに大きい経済効果が期待できるといわれています。世界で使われている合成高分子の二〇%もタンパク質で本当に置き換えられるのかと思われるかもしれませんが、私は可能だと思っています。

合成高分子は世界でどのくらいつくられているかといいますと、だいたい二億三千万トンほどです。そのなかで最も普及している合成高分子はポリエチレンテレフタレート(PET)です。これは、ペットボトルに使われている合成高分子ですが、年間で六千万トンほどつくられています。そう考えると、全合成高分子の二五%ぐらいはPETであるといえます。カバーできる物性の範囲や、私たちが将来的に見込めるだろうコストの試算から、間違いなく、タンパク質はポリエチレンテレフタレートよりも可能性のある素材であると考えています。正直に申し上げて、二〇％という数値目標は、少し謙虚な数字だと思っているくらいです。

2　地球上で最も強靭（きょうじん）な「クモの糸」

タンパク質という素材がどれほどすごいのかを三つの視点でみていきます。一番目は**機能**という側面、二番目は**環境**という側面、三番目は**プラットフォーム**（応用基盤）的な要素という側面、この三つの視点からタンパク質についてお話をします。

一番目の**機能**という面では、私たちが産業的に使っている素材と比較しても、圧倒的に高い性能をもった既存の天然素材がいくつも存在しています。その代表例が**クモの糸**です。クモの糸は非常に細くて、引張ったらすぐに切れてしまうので、クモの糸の性能の高さを実感している人はなかなかいないでしょう。図２・１のように人間の髪の毛の太さは人にもよりますが、八〇マイクロメー

（注２）二〇一五年に四プロジェクトが追加されて全部で一六プロジェクトになった。

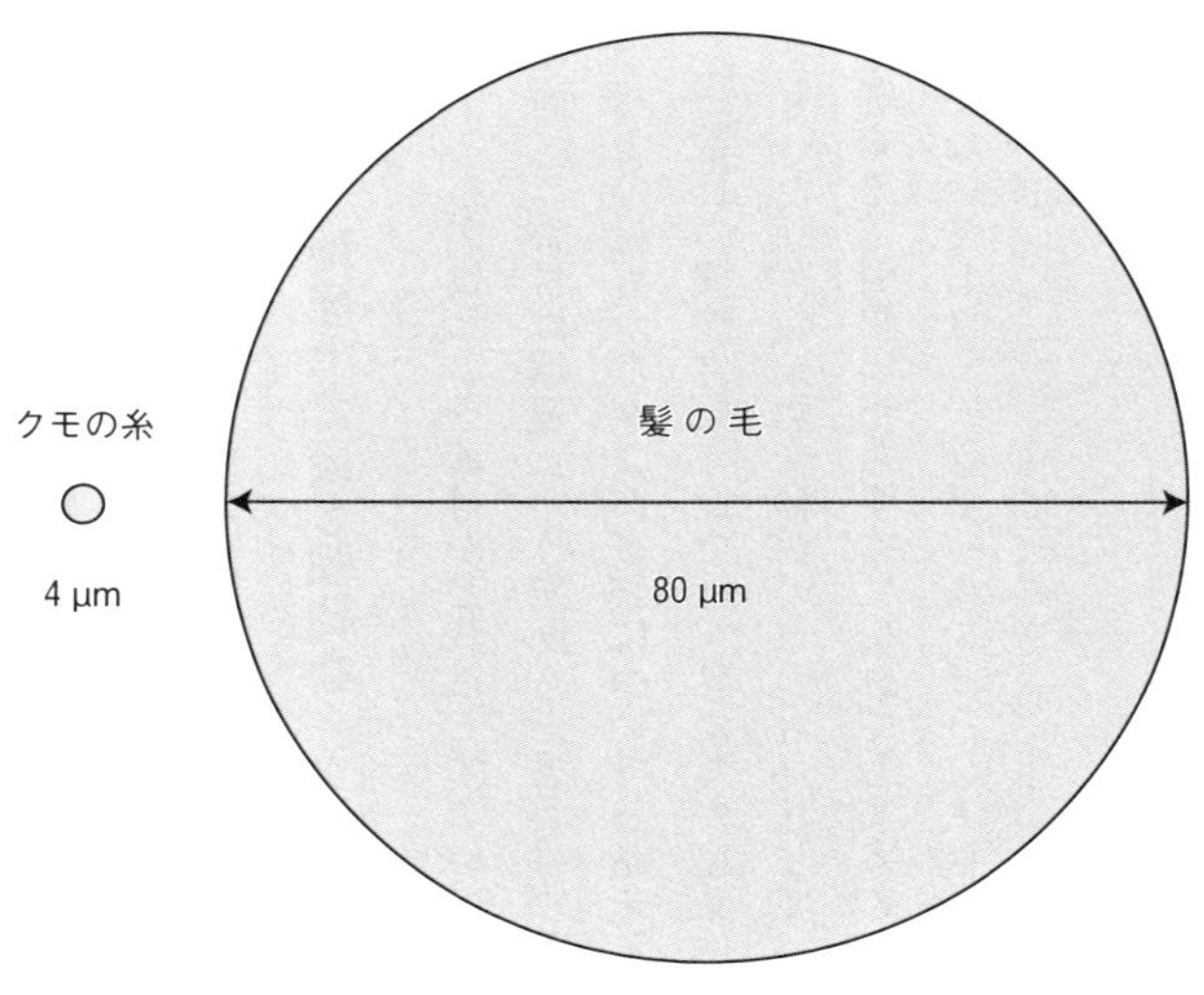

図2・1　クモの糸と髪の毛の太さの違い

トルぐらいあります。クモの糸は大体四マイクロメートルぐらいです。髪の毛が引張っても切れないのは太いからで、仮にクモの糸が髪の毛と同じくらい太ければ、当然引張っても切れません。クモの糸はとても細い繊維であるということは、わかっていただけると思います。

ダーウィンズ・バーク・スパイダーというクモが二〇一〇年にマダガスカルで発見されました。今のところ世界で最も強靭な糸を出すといわれているクモで、川に二五メートルぐらいある巣を張ったりします。これらのクモの糸が既存の素材と比べてどれくらい強靭なのかを説明します。クモの糸は何がすごいかというと、その「**強靭性**」、英語でいうと「Toughness」という特性です。素材を引張っ

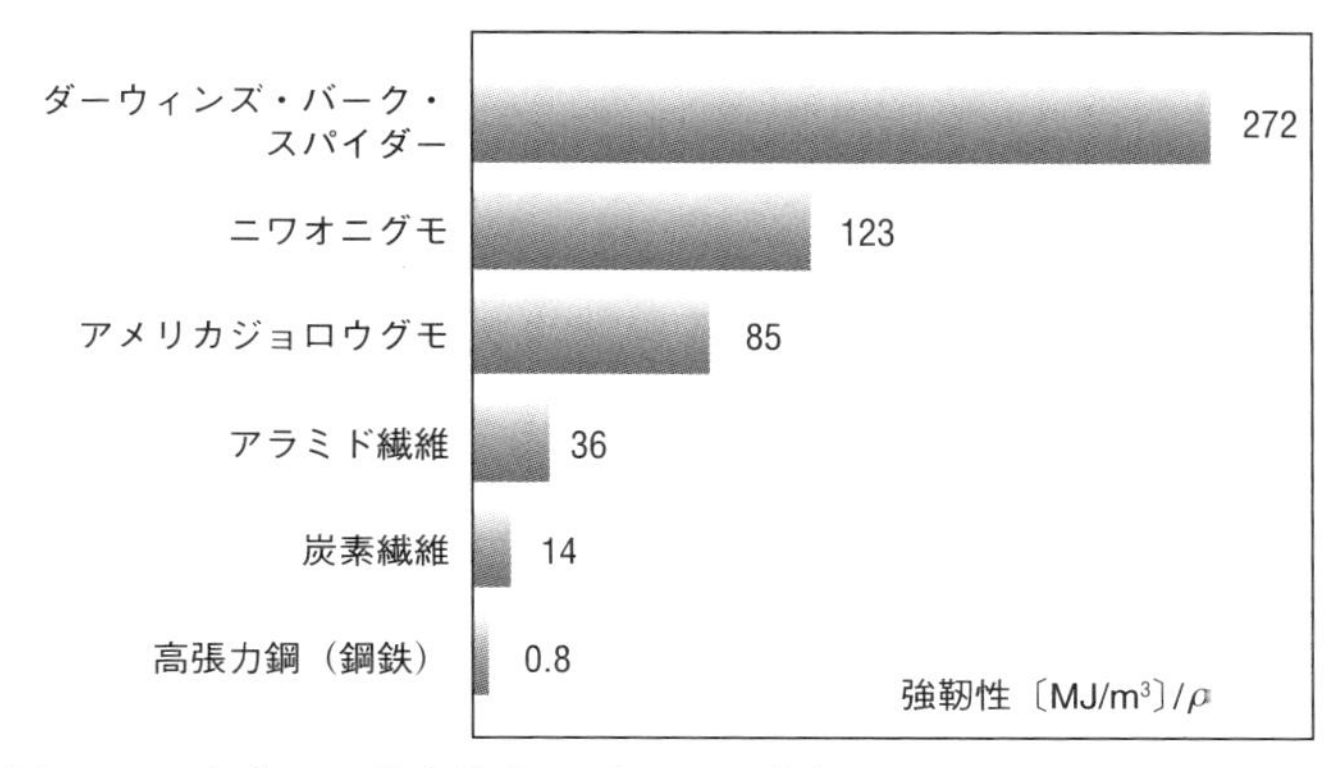

図２・２　地球上で最も強靭な「クモの糸」 J.M.Gosline, P.A.Guerette, C.S.Ortlepp, K.N.Savage, *J.Exp.Biol.*,**202**,3295(1999); I. Agnarsson, M. Kuntner, T.A. Blackledge, *PLoS One.*,**5**(9): e11234(2010) をもとに作成．比重（ρ）についてはクモ糸を1.3, アラミドを1.4, 炭素繊維を1.8, 高張力鋼を7.8として計算．

て破壊するまでにどれだけのエネルギーが必要かを測ることで、強靭性の強弱がわかります。単位は単位体積あたりのエネルギーです。私たちは、この素材を将来は自動車や輸送機器に使っていきたいと研究開始当初から考えていました。そういう分野では重さあたりの強靭性が非常に重要になります。強靭性を比重で割った値、つまり重さあたりの強靭性を図２・２のグラフに示しました。上の三つがクモの糸、下の三つは、上から、アラミド繊維、炭素繊維、高張力鋼です。高張力鋼は自動車のボディーに使われている素材で、アラミド繊維は防弾チョッキに使われている素材です。既存の素材のなかではアラミド繊維は最も強靭性の高い素材ですけれども、それと比べてクモの糸がいかに強靭であるかというのが、わかります。

クモの糸だけではなくて、さまざまな生物が高性能な素材を使いこなしています。たとえば、バッタやノミなどの昆虫の関節に使われているゴムのようなレシリンというタンパク質は、非常に大きな弾力性をもっています。ある力でぐっと押して、はね返ってくるときにほとんど力のロスがない、エネルギー損失が低いタンパク質です。天然ゴムや合成ゴムに比べても、弾力性がはるかに高い素材として知られています。ためたエネルギーを効率よく、ポーンと解放できるので、ノミなどはものすごく高くまでジャンプできます。もしノミが人間ぐらいの大きさだったら、サンシャイン60のビルを跳び越えられるぐらいの跳躍力があります。トンボ、チョウ、ハエもそうですが、羽をバタバタ羽ばたかせて飛んでいますが、実は羽を上げるか下げるかの片方向に動かすときしか力を入れていなくて、戻るときの力は、レシリンが蓄えた力をポーンと出して羽ばたいています。そういう飛び方なので、エネルギー効率よく飛べます。あとは、シロアリの歯も非常に面白いです。これはタンパク質と金属の複合素材ですが、チタン合金と同じぐらいの硬さをもつ素材として知られています。そのほかにもたくさん面白い素材があります。

3　植物由来資源——低エネルギーで生産可能

二番目は、**環境**という観点です。まず、原料に石油資源のような枯渇資源を使わないことが、最も大きなポイントです。人類は石油資源をエネルギーや原料として利用していますが、これは何億年もかけて植物が地中に埋めた炭素を掘り出してきて使っているわけです。掘り出してきた炭化水素は、最終的には分解されて二酸化炭素として大気中に放出されます。ですから化石資源を使っている限り、大気中の二酸化炭素の量は増える一方です。タンパク質はそういう枯渇資源に頼らずにつくれます。

私たちの扱うタンパク質が、どのようにつくられているか簡単に説明します。**微生物**を使って**発酵**というプロセスでつくります。クモの糸の場合は、クモの糸のタンパク質の設計図になっている遺伝子（ＤＮＡ）を解読します（図２・３ａ）。天然のクモからとってきたＤＮＡをそのまま使うわけではありません。解析したＤＮＡを人間が使いやすいように再設計し、それを微生物の中に導入して（図２・３ｂ）、この微生物に栄養を与えながら、お酒をつくるプロセスと同じような発酵というプロセスによって、タンパク質をたくさんつくらせます（図２・３ｃ）。つくらせたタンパク質を最終的には化学繊維と同じように、糸にしたり、加工したりします。発酵というプロセスが中心になるのですが、発酵で使う微生物の餌は、お酒の発酵と同じように、基本的には糖を使います。植物由来の資源でこの素材をつくれますから、原料は枯渇資源に頼りません。

ここまでは、原料面の話ですが、製造プロセスという観点からみても、石油化学ではナフサ（粗製ガソリン）の精製から始まって、ポリマーの重合をしたり、炭素繊維に至っては、またエネルギー

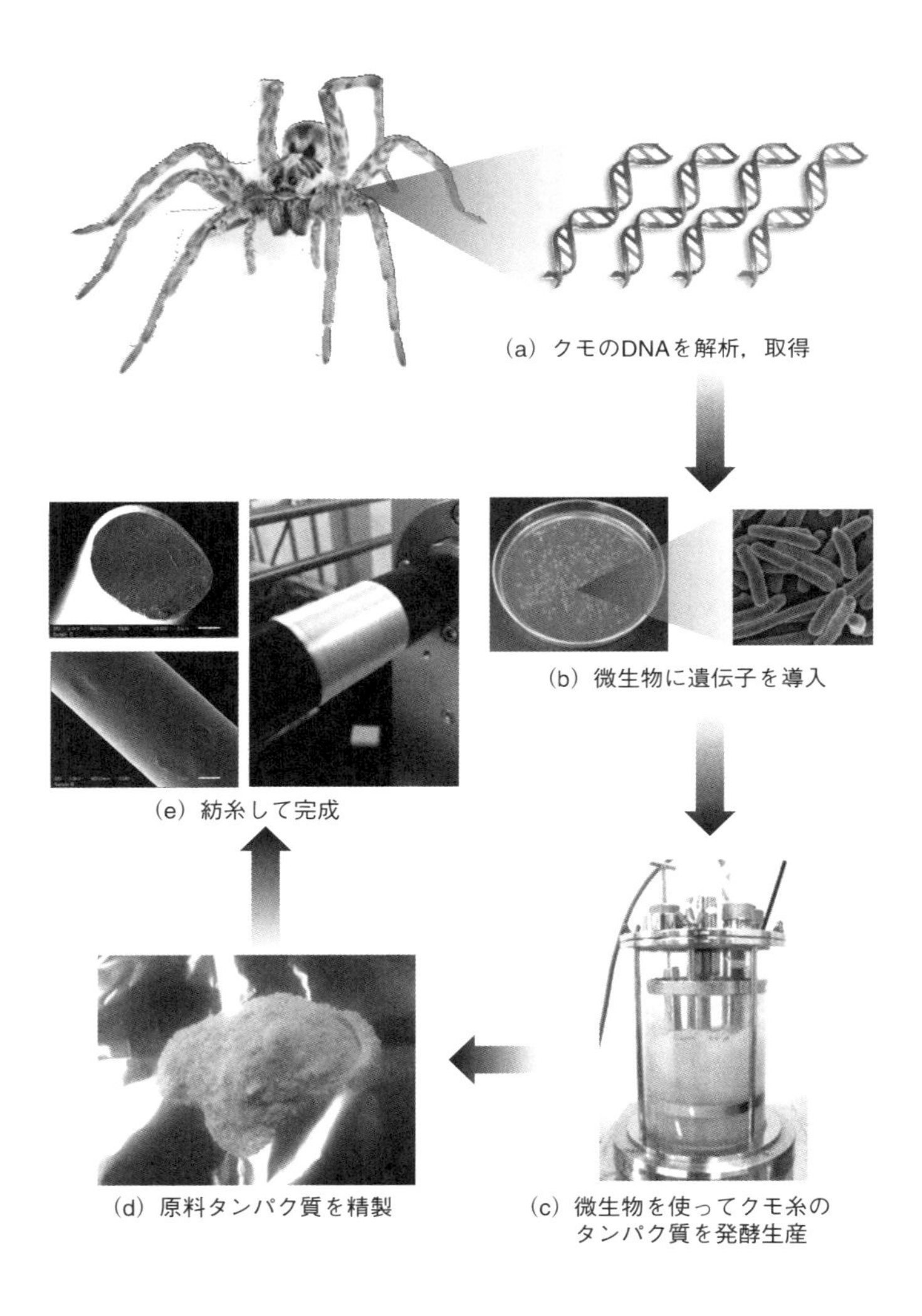
(a) クモのDNAを解析，取得
(b) 微生物に遺伝子を導入
(c) 微生物を使ってクモ糸の
タンパク質を発酵生産
(d) 原料タンパク質を精製
(e) 紡糸して完成

図2・3　クモの糸人工合成の流れ

をかけて炭化させています。このように、生産プロセスで多量のエネルギーを使います。化学工業で使う石油の三分の一は生産するときに使うエネルギーなのです。発酵というプロセスは、そもそも微生物はそんな高温では生きられませんし、基本的には室温付近でどんどん増えていくものですから、非常に低エネルギーで生産できます。

さらに、タンパク質素材を使った製品としての効果というのも当然あります。私たちが実用化を目指しているような輸送機器の分野でタンパク質素材が実用化できれば、軽量化につながり、その結果エネルギー効率が高められ、二酸化炭素排出の抑制にも大きく貢献することが予想されます。とても環境にやさしい素材であるといえるでしょう。

4　テーラーメイドのタンパク質をつくる

三番目は、**プラットフォーム**的な側面があるということです。微生物は、一つの工場、一つのプラットフォームと考えることができます。つまり、一つのプロセスでタンパク質の設計図になる遺伝子さえ変えれば、同じ原料、同じプロセスで、たくさんの種類の素材をつくることできます。アラミド繊維の工場ではアラミド繊維しかつくれませんし、炭素繊維の工場では炭素繊維しかつくれませんが、私たちの工場では、遺伝子さえ設計すれば、理論上あらゆるタンパク質素材をつくることができます。

今までの製品・素材は、基本的には原料をたくさん仕入れないとコストは下がりません。コストを下げようと思ったら、大量につくって普及させなければなりません。タンパク質素材の原料は糖ですから、たくさんの種類の素材をつくっても、全体の量が増えればコストは下がっていきます。つまり、多品種少量生産でも、全体でたくさん使えば、コストはどんどん下がっていき、価格も下がります。ですから、設備投資に対するリスクの考え方も今までの素材とはまったく異なりますし、非常に可能性の高い素材といえます。

私たちが目指しているのは、単にクモの糸を人工的に実用化する、工業化するということだけではありません。一言でクモの糸といっても、現在クモは約四万五千種以上が確認されていて、おそらく地球上に二〇万種類ぐらいはいるといわれています。日本にも二千種類ぐらいいるといわれています。クモは巣の枠に使う糸、ぶら下がるときに使う牽引糸という命綱となる糸、巣の横糸、獲物をぐるぐる巻きにするための糸、卵をくるんでおくための糸など、用途によっていろいろな糸を使い分けています。それぞれの糸で、使われているタンパク質は異なります。タンパク質によって、強度や伸縮性に差が出てきます。つまり、一言でクモの糸といっても、ものすごくたくさんの種類のクモの糸が地球上に存在していますから、そのどれをつくるのかということも当然あります。将来的には、そのなかのどれを使うのかということだけではなくて、ユーザーから、こういう強度で、こういう伸縮性で、こういう素材が欲しいといわれたときに、それをテーラーメイドで分子から設計して供給することが、タンパク質素材の実用化ができれば可能になるはずです。

実際にテーラーメイドの分子をどんどん設計していくために、いろんな要素を一つひとつつくり上げてきました。分子を設計する際には、機能性も非常に大事ですが、それと同時に、微生物の中での生産性も非常に大事です。それらを両立するための分子設計の技術が、非常に重要な私たちのコア技術になっています。アミノ酸がどういう並び方をしているか、どういうDNAの並び方が機能に影響を与えるのか、微生物の中での生産性にどう影響を与えるのかというのを予測して仮説を立て、仮説に基づいてDNA配列を設計します。そして設計したDNAを実際に人工的に全合成(注3)します。クモの糸の遺伝子は非常に多くの繰返し配列をもち、そういうものを全合成する技術はなかったので、そこから技術開発をしました。その技術を使ってDNAを合成する段階を踏み、微生物の中に組込んで実際に生産させて、生産性の評価をします。できたもののポリマーとしての評価をして、次の分子設計にフィードバックすることを繰返しました。一世代目、二世代目、三世代目

(注3) 低分子の出発物質から、複雑な高分子を化学的に合成すること。

と遺伝子をどんどん進化させていくわけです。クモの糸の場合は、だいたい一〇世代ぐらいまで新しい遺伝子を設計しました。これまで設計したクモの糸の遺伝子は、六五〇種類を超えていますが、フィードバックを繰返すことによって、研究を開始した当初の生産性と比べると、四五〇〇倍程度、生産効率が向上しました。性能についても、天然のクモの糸の強靭性に迫るような素材が、実際に生産されています。

もちろん、この開発手法はクモの糸の開発だけではなく、すべてのタンパク質素材の開発に応用できるプラットフォームテクノロジーです。プラットフォームの一つの特徴なのですが、グーグルの検索と同じように、データが蓄積されればされるほど、ものすごくよい素材が、より早く、より安く提供できるようになってきます。つまり、誰かが実用化を最初にやり、素材が使われ始め、そのフィードバックによって製品を改良し、それらのデータを蓄積して、さらに新しいものを設計して世の中に出していく、という繰返しによって、よりユーザーにとってメリットがある素材がつくれるようになっていきます。ユーザーが増えれば増えるほど、ユーザーのメリットが高まっていくわけです。そういう産業の特徴は、一つの企業が突出して強くなってしまって、二番手、三番手がなかなか追いつけないような産業構造になることです。そのため、最初に実用化し、普及させていくことが重要です。ですから、私たちは世界で最も早く実用化し、普及させていくために、スピード感を重視し、日々の研究開発に取組んでいるところです。

5　地球規模の課題に取組むために

　私たちは、こういう研究開発をずっとやっていますが、最初のモチベーションについて、ご紹介します。私は小さい頃から慶應で学んでいまして、高校も慶應義塾高校に通っていました。文系のクラスでしたし、研究者になりたいとは全然思っていませんでした。当時の私は、科学技術が進歩しても、なかなか戦争がなくならない、テロもなくならない、貧困もなくならないのは、なぜだろうと真剣に考えていました。その根底にはおそらく、限りある資源を奪い合っているという現状があるだろう。エネルギー問題や食糧問題は、限りある資源を人間が奪い合っている状況が昔から続いているから起こる問題であって、そういうことを解決するためにどうしたらいいだろうと考えていました。本当にそんな素朴な問いからスタートしたのですが、高校生の私には、実際に自分に何ができるのか、何をしたらいいのかというアイデアはほとんどありませんでした。

　そんなときに、私の恩師でもあり、慶應義塾大学の環境情報学部の教授だった冨田 勝先生に出会いました。二〇〇一年に山形県鶴岡市に設立された慶應義塾大学先端生命科学研究所の所長です。その冨田先生の話を高校生のときに聞きました。冨田先生の研究分野は、バイオテクノロジーとＩＴの融合領域、バイオインフォマティクスとかシステムズバイオロジーとよばれる分野で、先生は日本ではその研究分野の先駆け的な研究者でした。武田計測先端知財団ができたのは二〇〇一年ですので、ちょうど慶應の研究所ができた年と同じです。その一年前の二〇〇〇年に冨田先生の話を聞きまして、自分がやりたいと思っていた、エネルギー問題とか、食糧問題、環境問題を解決していくために、バイオテクノロジーやITの技術は間違いなくキーテクノロジーになるだろうと思いました。冨田先生は非常に熱い先生だったので、そういう先生に弟子入りしたいと思って環境情報学部に進学しました。それまで、バイオの分野はもちろん、そもそも科学や数学は本当にできなかったので、ついていけるかどうか不安ではあったのですが、思い切って研究室に飛び込みました。

今、世界にはさまざまな地球規模の課題があります。COP21で温室効果ガス排出の実質ゼロを目指すことを盛込んだパリ協定が決議され、歴史的な合意と言われていますが、二酸化炭素という切り口でみてみると、今、人間の産業全体が出している二酸化炭素の排出量は、二〇一四年のデータで一年あたり三五五億トンです。一方、地球全体の植物が一年間に吸収できる量は、だいたい八九億トンぐらいといわれています。ということは、植物が吸収できる量のだいたい四倍ぐらいの二酸化炭素が排出されているわけです。二〇五〇年ぐらいには、もっと増えているといわれていますので、普通に考えると、大丈夫なのかと思われるでしょう。つまり、現在の人間の産業は、地球の生態系の中で吸収できる負荷の量を、すでに大きく超えてしまっているのです。

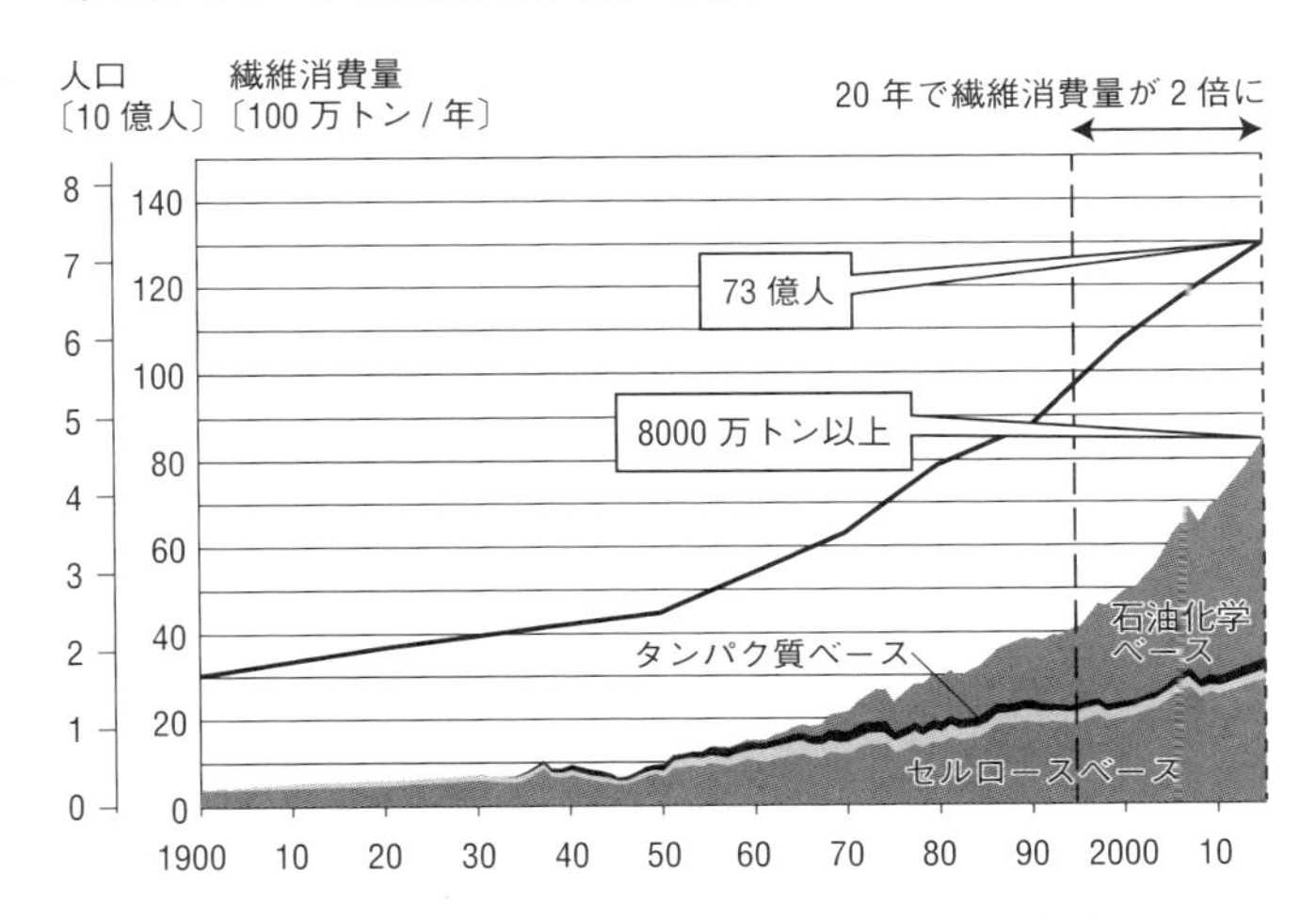

図2・4　人口の増加と繊維消費量の増加　経済産業省のデータ (http://www.meti.go.jp/policy/mono_info_service/mono/fiber/pdf/130117seisaku.pdf) を参照して作成．

図2・4は、人口の増加と繊維の消費量の増加をグラフにしたものです。今、だいたい七三億人ぐらい地球上にいるといわれていますが、一番上が石油化学ベースの繊維、その下がタンパク質ベースの繊維であるウールやシルク。一番下がセルロースベースの繊維である綿やレーヨンなどの消費量を示しています。繊維の消費量は加速度的に増加しており、およそ二〇年の間に、地球規模でみると倍に増えています。この先、どれだけのペースで増えていくのかわかりませんが、少なくともこのままのペースでいくと、消費はより加速していくだろうと考えられるわけです。

図2・5は一人あたりのGDPと繊維の消費量をプロットしたものです。右上が先

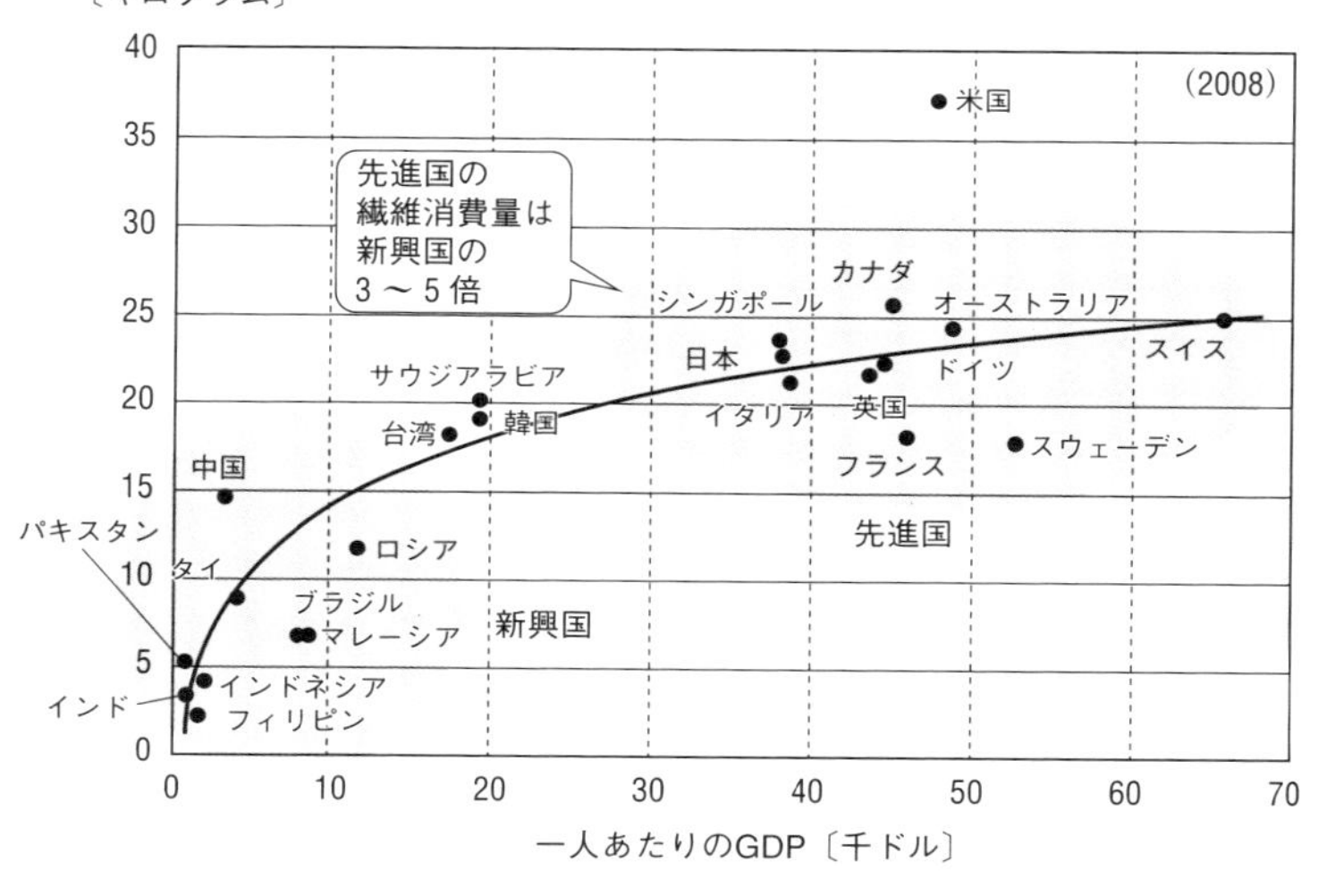

図2・5　一人あたりのGDPと繊維消費量　経済産業省のデータ(http://www.meti.go.jp/policy/mono_info_service/mono/fiber/pdf/130117seisaku.pdf)を参照して作成.

進国といわれる地域で、左下が新興国といわれる地域を示しています。先進国は新興国と比べておよそ三～五倍の量の繊維を一年間で消費していることがわかります。

これは実は繊維だけではなくて、エネルギーや他のものに関してもだいたい同じようなことがいえます。つまり、先進国の人たちが消費を抑えるために、これ以上の消費をやめようと言ったところで、地球全体でみれば先進国の人口は一五％ぐらいで、新興国が八五％ぐらいです。この八五％の人々は、先進国と同程度の生活水準を目指して、もっと豊かになりたいと頑張っているわけで、この人たちの消費がこれから三～五倍ぐらいになっていくと考えると、今の地球の資源では到底足りません。すでに生態系が吸収できる負荷の規模を大きく上回ってしまっているにもかかわらず、この先、今の延長線上の消費を続けていったら、成り立つはずがないということが、私たちの研究と、事業のモチベーションになっています。

では、どういったことを私たちは目指していかなければいけないのかというと、地球の生態系に人間の産業を組込んでいくことではないかと考えています。長い間かけて蓄えられてきた資源を使うのではなく、今あるエネルギー、つまり太陽からのエネルギーだけで人間の産業を成立させる必要があります。地球の**生態系**は、太陽からのエネルギーをすべての生物で共有しながらバランスをとっているシステムです。そのバランスが崩れれば、人間の生存にとってよくない結果をもたらします。人間だけではなくて生態系すべての生物と共存していかなければならないわけです。太陽エネルギーを使えるのは基本的には植物です。なぜ化石資源を使っていると問題なのかというと、太古の地球には、あまり酸素はなくて、もともと大気中の二酸化炭素の濃度はものすごく高かったわけです。ところが、光合成ができるシアノバクテリアが海の中に大量に増えて、二酸化炭素をどんどん使って酸素を出しました。太古の海には鉄分が高濃度で溶けていて、シアノバクテリアが海の中で大量の酸素を吐き出し続けても、最初のうちはその酸素により鉄分が酸化鉄になることで消費されてしまったので、数億年間は大気中へ酸素が放出されなかったそうです。しかし、ものすごく長い時間をかけて、徐々に酸素が大気中にも放出されていきました。シアノバクテリアのほかにも、いろんな光合成細菌とか、ほかの生物が大気中の炭素を取込んで固定化したものが今の化石資源であり、億単位の年月をかけて蓄積された資源をものの二〇〇年とか三〇〇年とかで、ばーっと放出していたら、当然、大気中の二酸化炭素はどんどん増えていきます。今、世の中に出ているいろんな情報は、どこまで正確なのか、どこまで正しいのかというのは、実は私たちも本当にわからないところが結構たくさんあります。しかし、少なくともさまざまな事実を積み重ねていくと、産業革命以降、つまり、蒸気機関の普及が始まって石炭が大量に消費され始めてから大気中の二酸化炭素濃度は顕著に上昇し始め、産業革命以前と比べるとすでに四〇%ぐらい大気中の二酸化炭素の濃度は増えていますし、気温もどんどん上がってきています。温暖化の原因は二酸化炭素だけではないとはいわれているのですが、少なくとも二酸化炭素の排出が大きな影響を与えていること自体は間違いないという、いろいろな証拠が提示されています。そのためにも私たちとして打てる手立ては、すべて打たなければならない。すでに破綻に向けて、さらに加速しているというような状況であるのではないかと思います。このまま行けば、資源の奪い合い、戦争やテロのリスクは高まる一方ではないかという問題意識を、私たちはもっています。

消費拡大への対応と温暖化の抑制を同時に解決していくことは簡単ではありません。ありとあらゆる手段を講じて、産業の効率化、合理化を推進する必要があります。人間も地球の生態系の一部である以上、生態系のなかで最も使われている基幹素材であるタンパク質や、セルロースを産業のなかで使いこなせるようにしていくことは、エネルギー効率的にきわめて合理的であり、中長期的にみればタンパク質を素材として産業的に使いこなす技術の確立が不可欠であろうと考えています。私たちの研究開発は、そうした観点からも意義深いものだと考えています。

6　新たな時代の到来に向けて

慶應義塾大学の湘南藤沢キャンパスに入った二〇〇一年に、慶應が初めて首都圏外に作ったキャンパスであるバイオの研究所が山形県鶴岡市にでき、ここで私も研究を始めました。クモの糸の研究自体は二〇〇四年ぐらいからスタートしました。きっかけは、飲み会の席で、こういう研究をやったら面白いんじゃないかというところから始まりました。当時、私は大学四年生、もう一人の創業メンバーは大学二年生だったのですが、クモの糸をどうやってつくれるかということから研究を始めました。修士の二年間、研究を続けて、微量ではありますが、微生物にタンパク質をつくらせることに成功しました。修士を卒業する間際の二〇〇七年の一月のことでしたが、一ミリメートル程度の糸状のものができました。これは、実用化できるのではないかと思いまして、博士課程に進学。そして、研究していた私たち二人と、当時会計士となっていた、高校時代に同じ問題意識を共有し

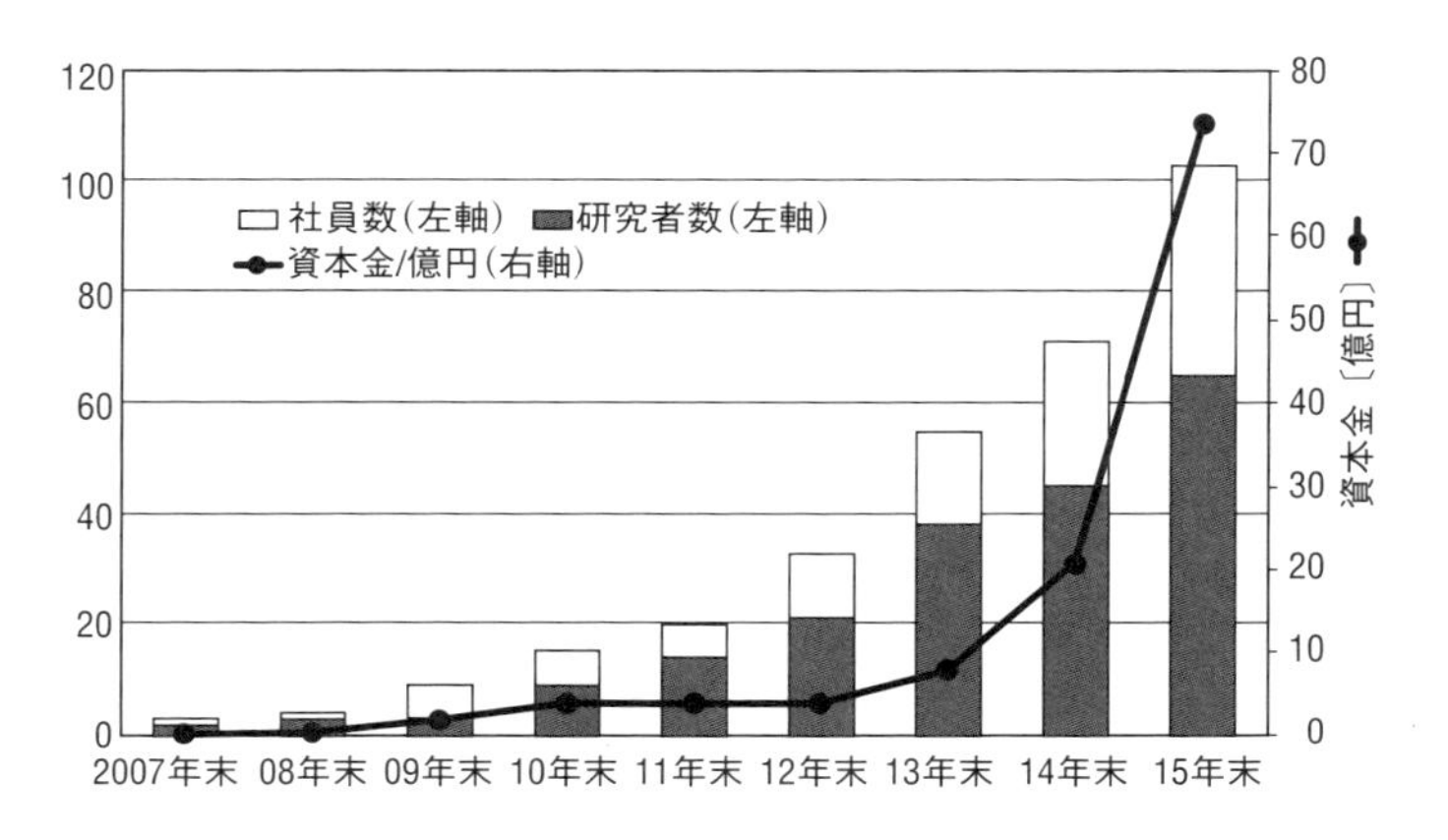

図２・６　社員数と研究者数，資本金の推移

ていたクラスメイトと三人で会社を作りました。お金もなかったので、材木屋に行って木を購入し、自分たちでオフィスと小さな研究所を作りました。二〇〇八年六月にラボが完成して、そこから半年ほどで、一センチ、二センチ程度の糸ができるようになり、次の年には、数メートル、誰が見ても糸に見えるというところまでたどり着いて、二〇〇九年に初めてベンチャーキャピタルから三億円の資金調達ができました。それまでは、役員はみんな、アルバイトをしたり、奨学金をもらったりしながら、無給でずっとやっていました。この頃から投資を受けられるようになり、助成金もいただけるようになってきて、どんどん投資しながら、研究開発を進めていきました。二〇一五年までの社員数と研究者数、資本金の推移を図２・６に示しました。

この頃は、クモの糸がちょっとできただけで『ネイチャー（*Nature*）』や『サイエンス（*Science*）』に論文が掲載されるほど、非常に難しい分野でした。しかし、そういうレベルを脱して、糸を使って応用開発できる、そういう時代が本当にやってきたんだということをわかりやすくデモンストレーションしようと考えて、地元の方々にも協力していただいて、二〇一三年に図２・７のような青いドレスを作って発表しました。これは手作りで作りました。このときのクモの糸は勢いよく機械織りしようとすると切れてしまうので、鶴岡の熟練織手の方に手織りで織り上げていただいたのです。

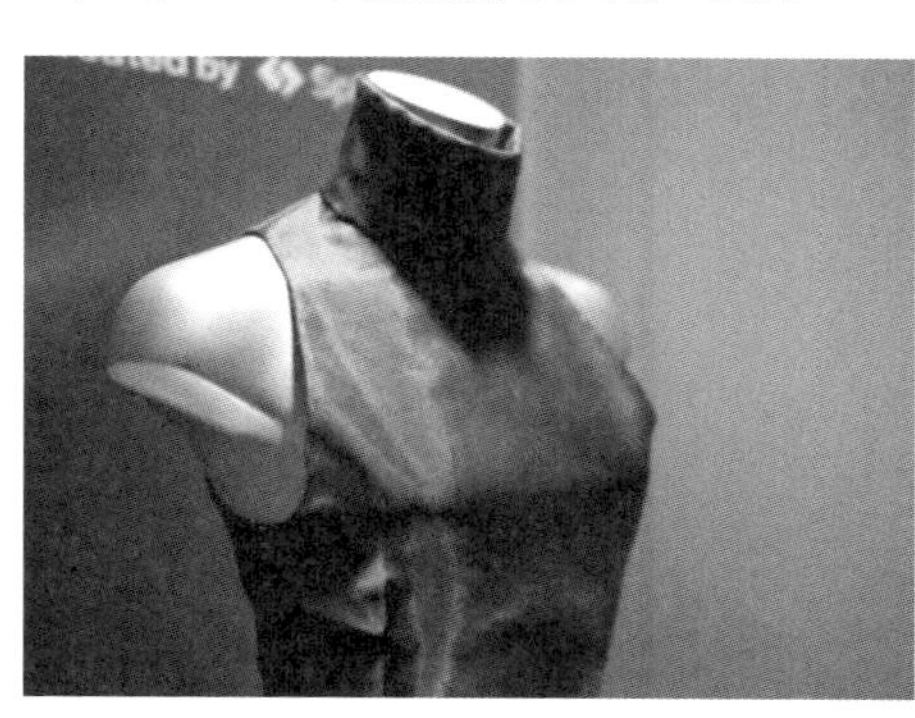

図２・７　人工クモ糸製品「Blue Dress」

　製品開発のプロトタイピングのために必要となる素材の規模は、ラボレベルのだいたい千倍ぐらいです。そのために、二〇一三年の終わりぐらいに、自動車部品メーカーと一緒に初めてプラントを作りました。二〇一五年にさらに新しい設備を整え、試作検討が進められるようになり、実用化に向けての開発を加速させています。紡糸、撚糸、紡績などの多数の協力企業とのコラボレーションを通じてさまざまな技術とアイデアを投入し、図２・８のように機械織に適した糸をつくり出すことに成功しました。

7 「MOON PARKA」という挑戦

「THE NORTH FACE」というアウトドアブランドとのコラボレーションで、世界で初めて人工合成タンパク質ベースの素材を使った工業製品のプロトタイプを、二〇一五年十月に表参道ヒルズで発表しました。図2・9はプロトタイプですが、現在、この製品の改良を重ねていまして、できる限り早いタイミングでの発売を目指しています。

8 地球の生態系に産業を組込むために

最後に事業戦略の話をさせていただきます。ポテンシャルのある素材にもかかわらず、なぜこれまで産業化されなかったのでしょうか。図2・10は、さまざまな化学品、ポリマー、製品の生産規模と単価を示しています。丸の大きさは市場規模を表しています。右上の市場規模の大きい丸が、だいたい一兆円ほどの市場規模です。まん中が千億円、右端が百億円です。縦軸が生産規模で、横

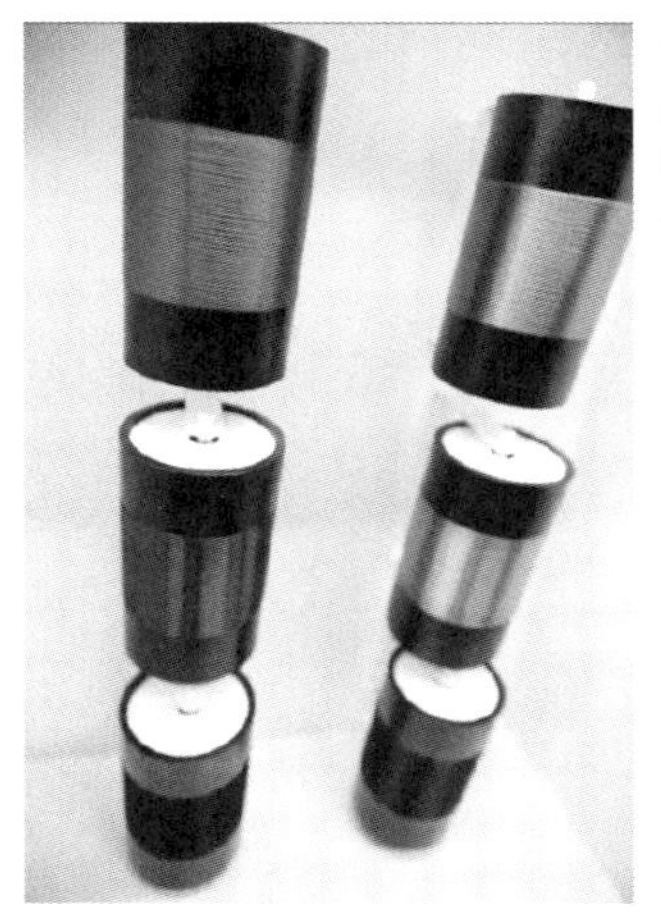

図2・8　機械織に適したクモの糸

図2・9　極地用「MOON PARKA」

軸がキログラムあたりの単価を示しています。対数スケールなので、一〇倍、一〇倍、一〇倍、となっていて、一番上の目盛は一千万トンです。この一番大きい丸は先ほど申し上げたとおりポリエチレンテレフタレートです。これは、為替にもよりますが、一六兆から一八兆円ぐらいの市場があります。横軸は、キログラムあたり千円、一万円、十万円です。これをみてみると、千億円を超えるような大きな市場をつくるためには、だいたい、キログラムあたりの単価を二千円から三千円以下にしなければならないこと。さらに、一兆円を超えるような大きなマーケットは、約千円を切らないとなかなか目指せないことがわかります。大規模な普及を目指せなければ環境に対するインパクトも見込めません。ニッチなところで、少し使われただけではまったく意味がないわけです。ここまでコストを下げなければ、そもそも普及しないということが、まず前提としてあります。

一方で、タンパク質を一番安くつくる方法は微生物につくらせる方法ですが、これを既存のやり方、発酵メーカーの今までのやり方でつくっていても、製造原価でキログラムあたり二万円から三万円を下回るのは相当難しいのです。百ドルを切るのは不可能というのが一般的な常識でした。そう考えると、小規模な市場しか目指せなくなってしまいます。この程度の普及だと、そもそも環境へのインパクトは見込めず、しかも、何十億円とか、何百億円という規模の市場をつくるために研究開発に何年もかけて、たとえば、百億、二百億、数百億円単位の研究開発投資をし、数千億円

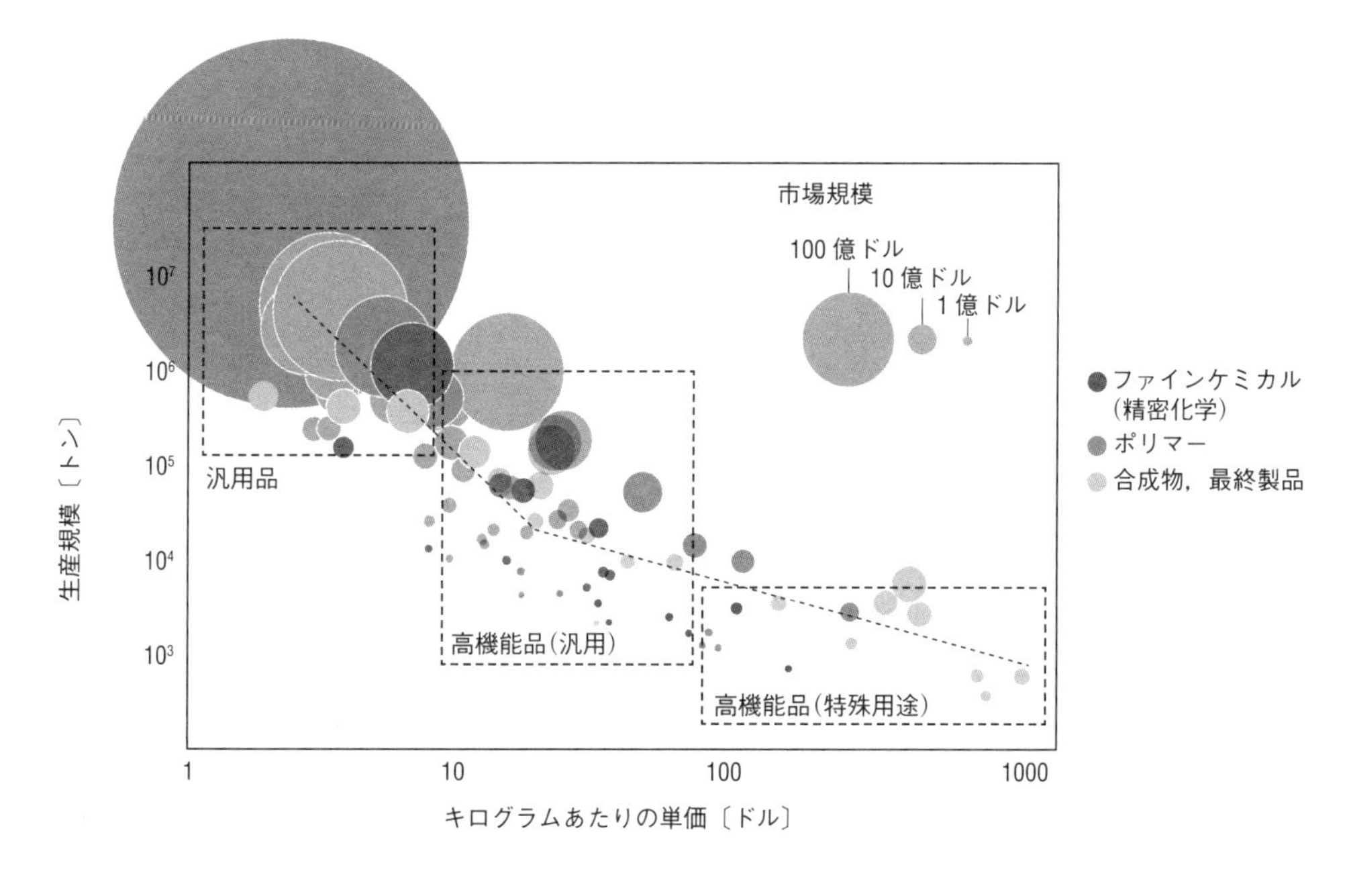

図2・10　化学品（ファインケミカル）・ポリマー・製品の生産規模と単価　Spiber社が調査したデータをもとに作成．

図２・11　最新の研究開発施設

単位の設備投資をしていくのはなかなか難しく、実用化に至りませんでした。私たちのブレークスルーは、この壁を突破できたというところが一番大きく、まさに普及価格帯で製造できる目処が、初めてみえてきたということです。

私たちの競合他社は世界中に存在していますが、世界で最初に工業化を実現できるよう、日夜研究開発に尽力しています。

自動車やアパレルは、私たちが最初に取組んでいこうと考えている産業です。それらに加えて、タンパク質ベースの素材ということで、医学応用も視野に入れ、非常に大きな市場の開拓を目指しております。地球の生態系の中に産業を組込んでいくという意味でも、この素材を世界に普及していくことは、非常に意義のあることだと考えて取組んでいます。図２・11は、最新の研究開発施設の写真です。

もしご興味あれば、Spiber（スパイバー）社ウエブサイト（注4）をご覧ください。これからも最新の情報を提供していきます。それから、山形県鶴岡市は、ご飯もお酒もとてもおいしいところです。ぜひ一度遊びにいらしてください。

（注4）https://www.spiber.jp/

第3章　人間は材料を創り続けてきた

細野秀雄

1　はじめに

地球上には、水素（H）、酸素（O）をはじめとする九二種類の元素が天然に存在し、これらが二つ以上結合してすべての物質を形成しています。人工的に創られたものを含めると、現時点で一一八種類の元素があるといわれています。地球の地表から二〇キロメートルぐらいの領域にある元素を重量パーセントで表したものをクラーク数とよんでいますが、最も多い元素は酸素で約五〇パーセントです。ついでケイ素（Si、約二八パーセント）、アルミニウム（Al、八パーセント）、鉄（Fe、五パーセント）、カルシウム（Ca）、ナトリウム（Na）の順になります。酸素とケイ素は地表の岩や砂の主成分の二酸化ケイ素です。水を形成している水素は軽いので、クラーク数では九番目に位置しますが、原子の数でいえば三番目になります。

地球上に存在する鉄鉱石など岩石は、そのままの状態で人間社会で役に立てることはできません。しかし、この物質に適当な加工をしたり、精製を行ったりすると、人間社会になくてはならない物になります。このような物質を「**材料**」と定義します。人間社会に大きく役に立った材料としては、鉄とシリコンが代表です。鉄は鉄器時代から現代に至るまで人間社会にはなくてはならない材料でした。シリコンも電子・情報産業には必須の材料であり、世界中の人がこの材料を利用しているといえます。この人間社会に不可欠の鉄やシリコン材料は天然に存在しているのではなく、鉄を含んだ鉄鉱石や砂鉄と、ケイ素を含んだケイ石をそれぞれ高温に加熱し、一酸化炭素雰囲気で還元して、鉄あるいはケイ素を得ることができます(注1)。つまり、人間社会に有用である鉄やシリコン材料は、人が加工することによって創り出したものです。

人間社会に有用な材料として、天然に存在する化合物から鉄やケイ素単体を取出しますが、本当に有効な材料にするためには、鉄であれば少量の炭素やその他の元素を加えることで、本当に社会に役に立つ材料になります。シリコンの場合には極微量の不純物を添加することにより劇的に電気特性を変化させることができ、それらを組合わせてメモリーやマイクロプロセッサー(CPU)をつくることができます。

人間社会で役に立つ材料は、多くの場合、単一の元素ではなく複数の元素から構成されています。赤や青色で光る発光ダイオードの材料はヒ化ガリウム(GaAs)や窒化ガリウム(GaN)であり、高温超伝導材料はイットリウム(Y)、バリウム(Ba)、銅(Cu)、酸素からなる化合物で$YBa_2Cu_3O_7$という複雑な化学組成をもっています。

磁石は人間社会のいろいろなところで役に立っていますが、材料はアルニコ磁石ではコバルト(Co)を主成分にしたものでした。その後、**希少元素**であるネオジム(Nd)、ホウ素(B)と鉄を主成分とする強力なネオジム磁石が開発されました。鉄では強い磁石はできないといわれていましたが、ネオジムとホウ素との組合わせにより最強の磁石材料が見いだされました。従来の考えにとらわれずに新しい対応関係を見いだすことによって、役に立つ材料はどんどん出てくるのです。この磁石の耐熱性を向上させるのに有効なジスプロシウム（Dy）は希少元素で、中国に偏在しています。最近、エネルギー・資源という問題はいろいろ話題になっていますが、太陽電池、燃料電池などのエネルギー問題に寄与する材料があります。これに使われている元素の多くが、現状では希少元素です。希少元素を使う量は同じでも、性能を一〇倍にすることができれば、消費量は一〇分の一になるわけで、そのような研究が重要になります。希少元素を使ってはいけないということはなくて、元素のもっている、今まで見えなかった性質をいかに見えるように引き出して、実用に供していくかが求められています。このように希少元素の有効利用を図る元素戦略は、革新的材料科学そのものだといえます。

材料として求められるものは、役に立つという**機能**です。その機能を発現させるものは、元素あるいはその組合わせになります。元素は百を少し超える数しかありませんから、単独では機能も限られてきます。ところが、材料の機能を発現させるもう一つの可能性が、元素の組合わされた状態における**ミクロな構造**にあります。この構造のなかにそのような要素をどう取入れていけばよいか

（注１）Si は化学の元素名はケイ素であるが、材料の分野では**シリコン**という。

が、材料開発・材料設計のうえで重要な考え方になります。構造の例としてはナノ構造、界面、欠陥、異常原子価などがあり、これらを適宜取入れていくことで役に立つ材料が開発されます。また、元素を決める原子価だけではなく、電子軌道、スピンなども利用できます。これによって多様な材料が開発されています。

人間は材料を創り続けてきたわけですが、私もそのなかの一人で、これからも創り続けていこうとしています。ここで、元素の伝統的なイメージの刷新ということが一番重要だと思います。材料開発・材料設計は、有限の元素の組合わせと元素同士の反応過程に依存しており、これで性能、機能は決まってしまいます。問題はどのような元素を、どのように組合わせれば、どのような性能が発現されるであろうかというイメージを、どこまで膨らませることができるかであり、これが一番大きな革命になると思っています。

2　私が開発した材料

私は無機電子材料の開発を大学で約三〇年続けてきていますが、中学のときに元素が反応してさまざまな形になることに興味をもち、化学を専門に早く学びたいと考えて工業高等専門学校（高専）に進みました。高専時代に、炭素、水素、窒素、酸素というありふれた元素からナイロンを発明したカロザース（W. H. Carothers）の業績に強い感銘を受け、人間に役に立つ材料の開発に関わりたいと強く思い、現在に至っています。おもなものとして三つのフィールドで新しい材料を開発してきました。

一つは透明な**酸化物半導体**を研究しているなかで、大きな電子移動度をもつアモルファス（非晶質）酸化物半導体や、世の中にはなかったアモルファスｐ型半導体などを開発してきました。その一つとして、従来のアモルファスシリコンより数十倍も電子が動きやすい、インジウム、ガリウムと亜鉛（Zn）の複合酸化物である $InGaO_3(ZnO)_n$（ＩＧＺＯ、通称**イグゾー**）の結晶とアモルファスを用いた**薄膜トランジスタ**（ＴＦＴ、thin film transistor の略）をつくりました。これらのＴＦＴは、高精細なタブレットＰＣや大型有機ＥＬテレビ（注２）などのディスプレイの駆動用に使われるようになってきています。

二つめは**エレクトライド**というフィールドです。エレクトライドは、日本語で電子化物といわれ、電子を陰イオンとして含む化合物の総称です。具体的には、セメントに用いられている酸化カルシウムと酸化アルミニウムはそれぞれが絶縁物ですが、これらを組合わせて合成された物質が、少し

（注２）有機蛍光体に電圧をかけることにより発光させるディスプレイを用いたテレビ。ＥＬはエレクトロルミネセンスの略。

細工すると電気を流す性質を示しました。さらには、アンモニア合成の触媒効果をもつ、きわめて高性能な材料に変身させることができました。

三つめは**高温超伝導材料**に関するものです。銅をベースにした銅系高温超伝導材料が一九八六年に創出され、現在では最高で一三〇ケルビンまで動作していますが、まだ室温で動作する段階になっていなくて、新しい材料の創出が期待されています。そのような状況のなかで、これまで誰もが鉄を用いた高温超伝導材料はありえないと思っていましたが、私たちは二〇〇六年に**鉄系高温超伝導化合物**の創出を行いました。その後、世界中の研究者が鉄系高温超伝導の研究に殺到し、動作温度は六〇ケルビンに達していて、今後ますます特性が向上するものと期待されています。

3　IGZO薄膜トランジスタの創出

液晶ディスプレイの仕組み

広く使われている**液晶ディスプレイ**は、縦横それぞれ数千に区分された色と明るさを表示する画素部分と、その画素を電気的にオンオフすることで画素の明るさを調整する駆動回路部分から成り立っています。画素部分は液晶を直交させた二枚の偏光板で挟んだもので、裏側に蛍光灯もしくは発光素子（LED）のバックライトが付けられていますが、通常は光を通さない状態になっています。透明電極を介して電圧を加えると、液晶がその電気信号に対応して偏光性を変えることにより、光を通さない状態であったものが、電圧に対応して光を通すようになり、一つの画素の明るさが表示されます。赤、緑、青三色のカラーフィルターを各画素に置いておけば、カラーディスプレイができます。

各画素を表示させるために電気的な信号を加える必要があり、駆動スイッチとして**薄膜トランジスタ**（ＴＦＴ）が必要です。液晶分子の変化が素早くないので、液晶ディスプレイの駆動回路で必要とされる速度はそれほど速い必要はなく、これまでアモルファスシリコン薄膜を用いたＴＦＴが使用されていました。しかし、高精細の４Ｋテレビでは走査線が縦、横ともに二倍に増え、駆動周波数を高くする必要があります。これに対応するには多結晶シリコンＴＦＴが必要になりますが、大型化に対応できないという製造プロセスの課題やコストが高くなるなどの欠点があり、新しい材料の開発が求められていました。

水素化アモルファスシリコン半導体薄膜の登場

ＴＦＴの動作原理は、基本的には三極の真空管と同じです。半導体薄膜の上に向かい合ったソース電極とドレイン電極を形成し、半導体薄膜の上に絶縁層とゲート電極を形成したものがＴＦＴです。ゲート電極に電圧をかけていないときは、ソース、ドレイン間の半導体薄膜には電流は流れませんが、ゲート電極に電圧を加えますと、半導体薄膜に電流が流れるようになり、スイッチとなります。アモルファス材料で電子材料として初めて実用化されたのは、**水素化アモルファスシリコン半導体薄膜**です。これは、一九七五年に英国のスピア（W. Spear）とカンバー（P. L. Comber）によって開発されたものです。それまでのアモルファスシリコン薄膜は欠陥が多くて、ゲート電圧によって電流をほとんど制御できなかったのでＴＦＴの活性層には使えなかったのですが、シリコン薄膜に存在する多くの欠陥部分を水素でふさぐことで電気特性を飛躍的に向上させ、ＴＦＴとして実用化されました。この水素化アモルファスシリコンは、コピー機の感光体、そして太陽電池材料としても広く利用されている材料です。液晶ディスプレイは、全体で年間一〇兆円規模の産業に成長しました。

新しい半導体材料に求められる条件

半導体のＣＰＵに使うような大規模集積回路（ＬＳＩ）では、完全なシリコンの結晶を使って、いかに小さいところに多くの素子を詰め込むかが重要ですが、ディスプレイではまったく逆で、人間の目の大きさに合わせたサイズが必要です。大画面ディスプレイでは大きいサイズが必要になります。この大きいガラス基板上に均一に半導体薄膜を形成する新しい製膜技術が必要となり、ＬＳＩで用いられる技術とは異なる技術と材料が必要になります。

その他では、プラスチックの上に電子回路をつくって、曲がる、あるいは折り畳めるディスプレイ、あるいは電子デバイスが求められるという可能性が議論され、フレキシブルエレクトロニクスとして開発が進んでいます。それを担う新しい半導体材料は何かということで、有機物の半導体の研究開発が始まっていました。

イオン性アモルファス材料の開発

私自身は、無機の材料で多くの可能性があると確信して、現在まで研究開発を続けてきました。表３・１にＩＧＺＯ薄膜トランジスタの展開をまとめましたが、これから順を追って解説します。一九七五年に水素化アモルファスシリコンが開発されて以降、それをしのぐ性能の薄膜電子材料はなかなか出てきませんでした。一九九四年に透明で導電性の高い薄膜電子材料の開発を研究テーマに選び、その方向性を検討しました。結晶 Si では Si 原子の電子が sp^3 混成軌道状態で共有結合し、規則正しい四面体配置をしており、電子の移動度は一五〇〇 $cm^2/(V\,s)$、ホールでは四五〇 $cm^2/(V\,s)$ です。それに比べてアモルファスシリコンでは電子の移動度は〇・五 $cm^2/(V\,s)$ と格段に小さくなってしまいます。この理由は、アモルファス状態では電子の占有する軌道が同じ方向に整然と並んでいるのではなく、乱れた方向を向いているからです。そのため、電子の軌道の重なりが最適な状態からずれてしまい、電子が流れにくくなるのです。

表3・1　IGZO薄膜トランジスタの展開

時　期	年代	成　果	関連図番号
萌芽期	1995年頃	アモルファス国際会議で物質設計指針を提示	図3・1
展開期（戦略創造研究）	2003年～2004年	c-IGZO-TFT（『サイエンス』誌） a-IGZO-TFT（『ネイチャー』誌）	図3・2
産業化	2010年以降	スマートフォン iPad 3 iMac 27インチ5Kディスプレイ 55インチ有機ELディスプレイ Surface Pro4	図3・3

アモルファスで、結晶と同じくらい移動度の大きいものができないかということを考え、**イオン性の高いアモルファス材料**に注目しました。酸化物がその例ですが、酸化物では電子の流れはカチオン同士の軌道の重なりで決まります。カチオンの軌道の重なりのよいアモルファス材料であれば、電子の移動度は大きくなるはずです。カチオンである金属元素の選択はいろいろ考えられるので、**電子の移動度が大きいアモルファス薄膜電子材料**の実現が可能であると考えました。

酸化物として、銀（Ag）、アンチモン（Sb）、カドミウム（Cd）、鉛（Pb）、ゲルマニウム（Ge）などの複合酸化物である$AgSbO_3$、$CdPbO_3$、Cd_2GeO_4のアモルファス薄膜をスパッタリング法により作製し、五～一二$cm^2/(V\ s)$の電子移動度を実現しました。アモルファスシリコンの〇・五$cm^2/(V\ s)$に比べて二〇倍大きい移動度です。イオン性のアモルファス材料が導電性のよい材料になりうるという作業仮説が正しかったことが証明されたわけです。これらの結果を一九九五年のアモルファス国際会議で発表しました（図３・１）。しかし、この結果は大きく注目されることにはなりませんでした。

ＩＧＺＯ（イグゾー）の発見

独立行政法人科学技術振興機構（ＪＳＴ）はイノベーションの創出につながる、社会・産業ニーズに対応した新技術を創出することを目的として、戦略的創造研究推進事業を行っています。その

(a) 提示された物質設計の指針（1995 年）

(b) 発表したアモルファス国際会議のプログラム

図３・１　IGZO 薄膜トランジスタの開発状況（萌芽期）

なかで最も開拓的な研究を実施するのがＥＲＡＴＯ（Exploratory Research for Advanced Science and Technology）です。当時は推薦公募でリーダーを選考していました。私は、推薦してくださる方が複数名あったということで、ＪＳＴの誘いに応じて「透明電子活性プロジェクト」という構想を提案しました。これが幸運にも採択され、五年間で一五億円の大型プロジェクトを任されました。一九九五年以降さまざまなイオン性酸化物を検討しましたが、最終的にIn_2O_3、Ga_2O_3、ZnOの複合化合物で、組成が$InGaO_3(ZnO)_n$（ＩＧＺＯ、通称イグゾー）のものが透明半導体材料として優れていることがわかりました。この化合物自体は報告されており、透明な導電体として研究されていました。私たちは、ＩＧＺＯが電子の移動度が大きく、かつ制御性に優れた半導体になることを示しました。また、結晶だけでなく、そのアモルファスも優れた半導体となることを見いだしました。アモルファスですので、広い組成の範囲で大面積の均一な薄膜形成を容易にできることも、大きな利点です。

二〇〇三年にはＩＧＺＯ単結晶薄膜を作製し、酸化ハフニウム（HfO_2）をゲート絶縁膜としてＴＦＴを試作し、良好なＴＦＴ特性とともに電界効果移動度が八〇$cm^2/(V\,s)$という値を得ました。その結果は二〇〇三年に『サイエンス（*Science*）』に掲載されました（図３・２ａ）。つづいて二〇〇四年にポリエチレンテレフタレート（ＰＥＴ）基板上に、ＩＧＺＯアモルファス薄膜をレーザー蒸着法で形成し、酸化イットリウム（Y_2O_3）をゲート絶縁膜として用いて、ＴＦＴの移動度が

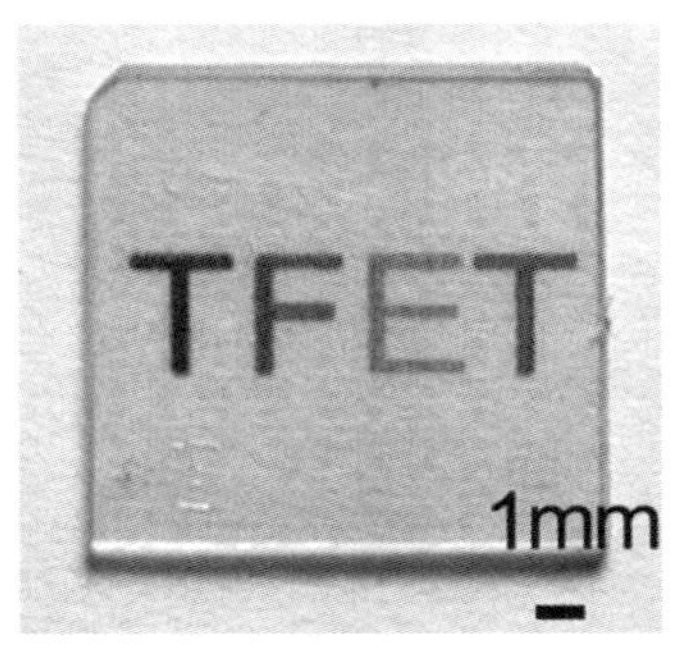

(a)『サイエンス』に掲載された
c－IGZO－TFT（2003年）

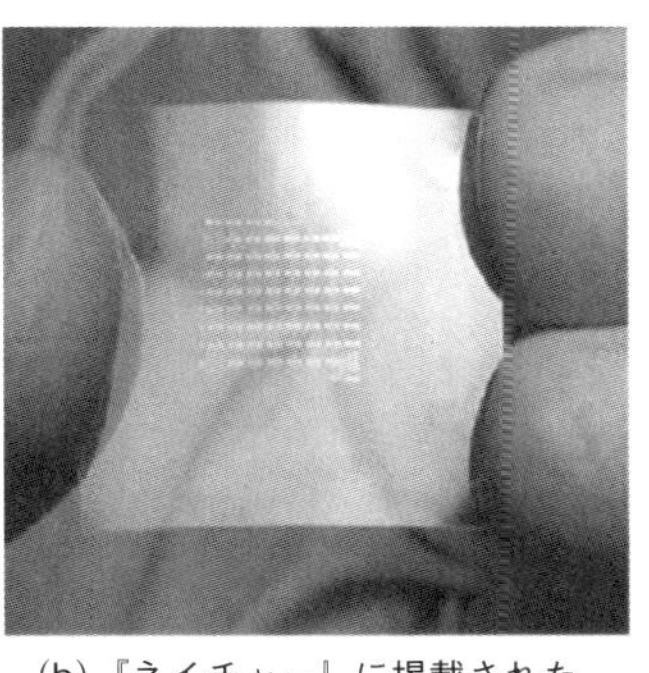

(b)『ネイチャー』に掲載された
a－IGZO－TFT（2004年）

図3・2　IGZO薄膜トランジスタの開発状況（展開期における戦略創造研究）

一〇 $cm^2/(Vs)$ という値を得ました。これまでのアモルファスシリコンの〇・五と比べて二〇倍高性能のアモルファス薄膜が室温で得られたのです。曲げても電気特性が変わらないので、将来のフレキシブルなディスプレイなどの可能性を示したわけです。これらの結果は『ネイチャー（*Nature*）』に掲載され、大きな反響をよびました（図3・2b）。

実用化が進むIGZOアモルファス薄膜

液晶ディスプレイに使われている駆動用TFTとしては、低温ポリシリコン薄膜というものがあり、高速動作も可能なのですが、大型化に対応が難しく、コストが高いという大きな欠点がありました。薄膜を作るためにアモルファスシリコン薄膜を形成したのち、大出力のレーザーを照射して、溶融多結晶化させるものです。レーザー照射装置などの設備が大がかりになり、

スマートフォン（2012 年）

iPad 3（2012 年）

iMac 27 インチ 5K ディスプレイ（2014 年）

55 インチ有機 EL
ディスプレイ
（2015 年）

Surface Pro4（2015 年）

図 3・3　IGZO 薄膜トランジスタの開発状況（産業化）

コスト高になるわけです。二〇一〇年以降、ＩＧＺＯアモルファス薄膜は液晶ディスプレイおよび有機ＥＬディスプレイで実用化されていきます（図３・３）。この薄膜のよいところは、一つめは移動度が大きいためオン電流が大きく、高速対応が可能になったこと、二つめはオフのときのリーク電流が小さいこと、そして三つめは低温で大面積の均質な薄膜が得られることです。

図３・１〜３にＩＧＺＯ薄膜トランジスタの開発の状況を示してきましたが、まとめると、一九九四年に研究を開始し、二〇〇四年に電気特性の優れたＩＧＺＯアモルファス薄膜のＴＦＴの作製に成功し、二〇一〇年以降ディスプレイ分野で実用化が始まりました。二〇一二年にはスマートフォン、ｉＰａｄの一部に使用され、二〇一四年にはｉＭａｃ27インチ５Ｋディスプレイ、そして二〇一五年にはＬＧ電子の五五インチ有機ＥＬディスプレイに、マイクロソフトのSurface Pro 4やｉＰａｄミニのディスプレイにＩＧＺＯのＴＦＴが駆動用トランジスタとして実装されました。今後この分野で広く使われるものと思います。

４　安定なエレクトライド材料の創出

二番目は、**セメント**材料が単なる構造材料ではなく、電子機能性材料になるという話をします。アルミナセメントは石灰（酸化カルシウム、CaO）とアルミナ（酸化アルミニウム、Al_2O_3）、とで

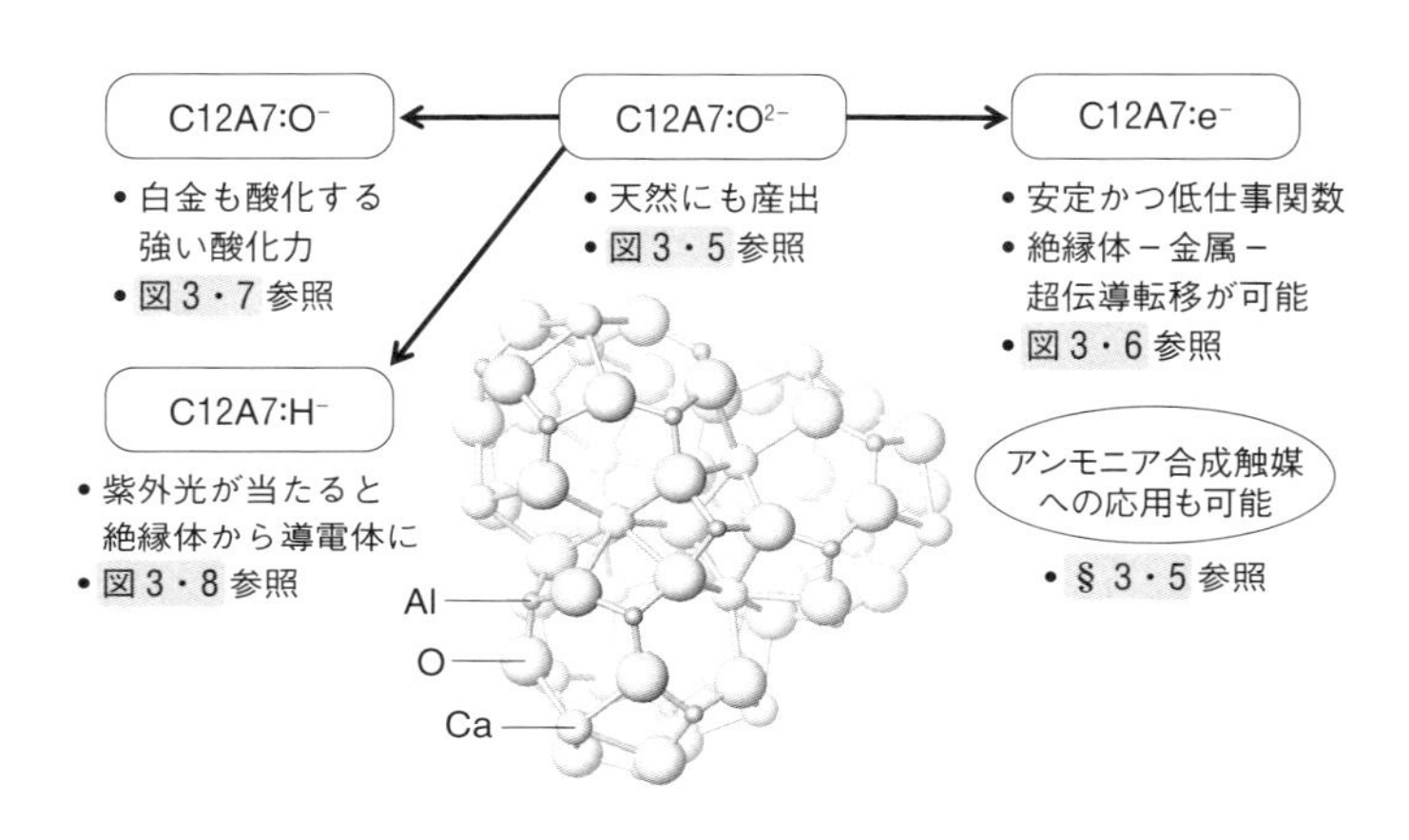

図３・４　C12A7のさまざまな機能のまとめ

できています。これらの素材は地球上にたくさん存在し、セメントでは一キログラムが一五円と安価なもので、かつ環境調和性に優れています。CaOとAl_2O_3の一二対七の比率からなる混合物を、高温で反応させ冷却すると白色のカルシウムアルミニウム酸化物（$12CaO\cdot7Al_2O_3$、以下C12A7）が得られます。この化合物はマエナイトとよばれ、天然にも産出する素材ですが、O^{2-}を別のものに置き換えることによって、多様な機能が実現できます（図３・４）。

この物質に注目しているのは、結晶の構造に特徴があるからです。図３・５（a）の**結晶構造**では丸い**ナノサイズの籠**(かご)が連なった形をしています。この構造のなかで籠の壁を構成している酸素イオンと、籠の中で壁と弱く結合している酸素イオンがあります。電子状態を理論計算しますと、弱く結合している酸素に対応するエネルギー準位は高いレベルにあ

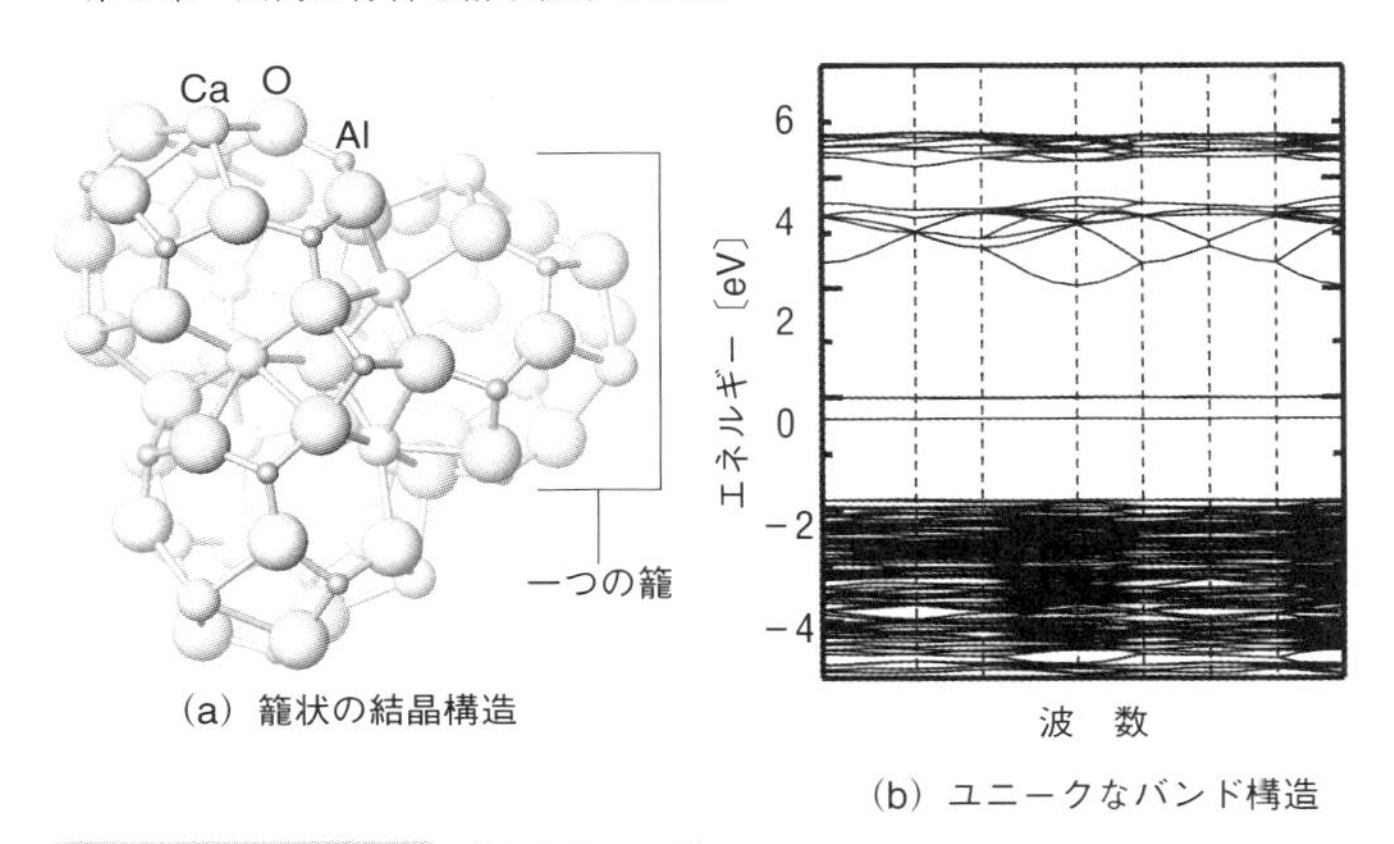

(a) 籠状の結晶構造

(b) ユニークなバンド構造

(c) 単結晶　　(d) 薄膜

図3・5　C12A7:O^{2-}の分子構造および特性

ります（図3・5b）。この酸素イオンを引き抜いて、代わりに電子を入れると（図3・6a）、電子は隣の籠とを隔てている薄い障壁を通り抜けてしまうことがわかりました。いわゆる「トンネル効果」です。このことは、実験的にも確認され、本来絶縁体として知られていたイオン性酸化物にも、このような性質があることが判明したのです。

図3・5のC12A7の籠の中には緩く結合したO^{2-}イオンが入っています（図では省略）。このままでは絶縁体ですが、これを電子に置き換えると図3・6（a）の状態になり、電気がよく流れる状態になります。この材料は

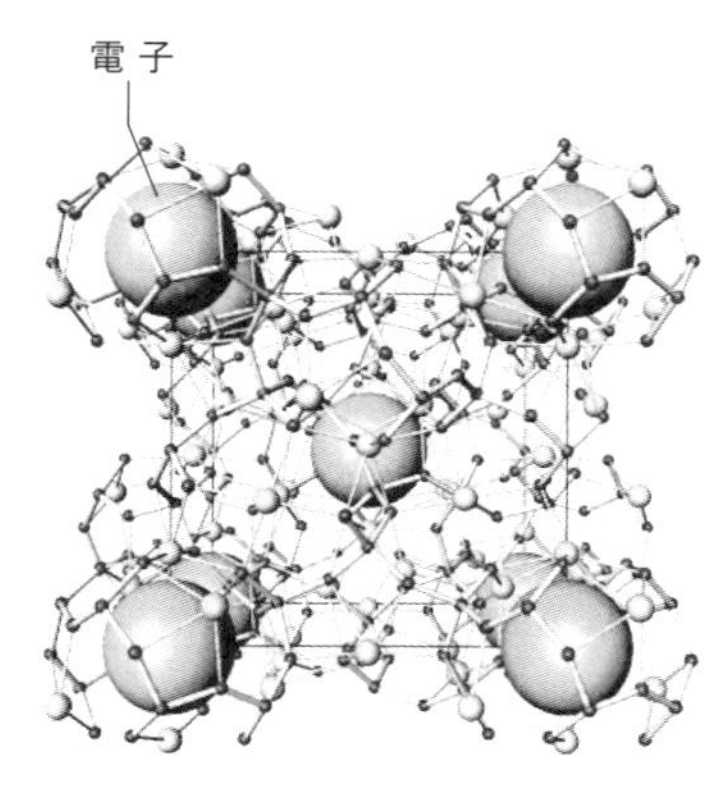

(a) C12A7:e⁻の構造
籠の中に入っているのは電子である.

(b) 電子放出源

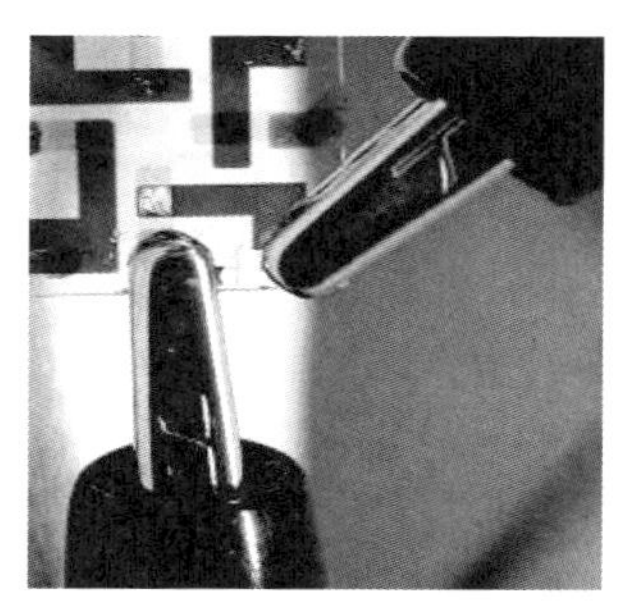

(c) 有機 EL 用カソード

図 3・6　C12A7:e⁻　(a) は結晶構造. 電子放出源 (b), 有機 EL 用カソード (c) や抵抗スイッチ素子として適した物性をもつ. 仕事関数が小さいにもかかわらず, 熱的にも化学的にも安定ということを利用した実用化が期待される.

電子放出源や有機EL用のカソード電極として適した物性をもっています。さらには温度を下げると超伝導になります。一つの物質で、絶縁体、半導体、金属、超伝導と全部できるわけです。O^{2-}イオンをO^-イオンに置き換えますと、図3・7のものになり、白金をも酸化できる強い酸化性を示します。O^{2-}イオンのところにH^-イオンを入れ、図3・8（a）の状態にして、紫外光を照射しますと、当たった部分だけ電気が流れるような、パターンを形成することがてきます（図3・8b）。このように、石灰とアルミナと水（水素と酸素）だけを使って、さまざまな機能が実現できます。これは、機能が単に元素の種類だけで決まっているのではなくて、ミクロな構造をうまく制御して、微量のドーピング（不純物の添加）をうまく行えば、いろいろな機能が実現できる可能性があるのではないかということを思わせる結果です。

セメントの物質、C12A7に電子を入れて電気が流れるようになり、多くの人は**透明導電性薄膜**（ITO）の代替品ができるのではないかと期待します。しかし、私はこれには否定的な見解をもっています。ITOは導電性が優れているだけでなく、エッチング特性などにも秀でています。これを凌駕する性能はC12A7では達成が難しいと考えています。それよりもこの電気の流れる

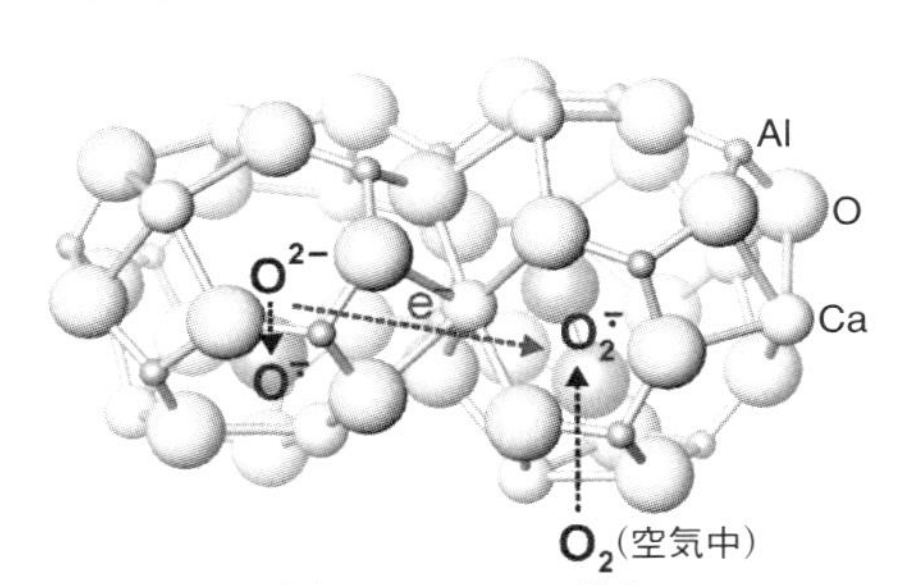

(a) C12A7:O^-の構造

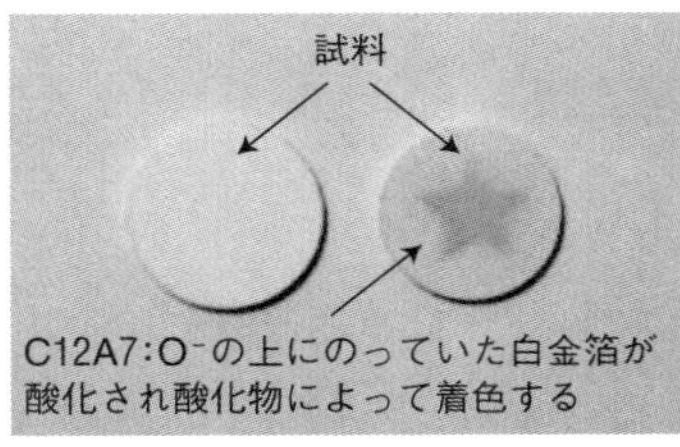

(b) この物質のペレット上に星形に切った白金箔をのせて，空気中で1300℃に加熱するとPtが酸化され，Pt^{4+}となって褐色になる．

図3・7　C12A7:O^-　(a) に示す反応でO^{2-}イオンをO^-イオンに置き換えると，白金も酸化する強い酸化力を示す (b)．

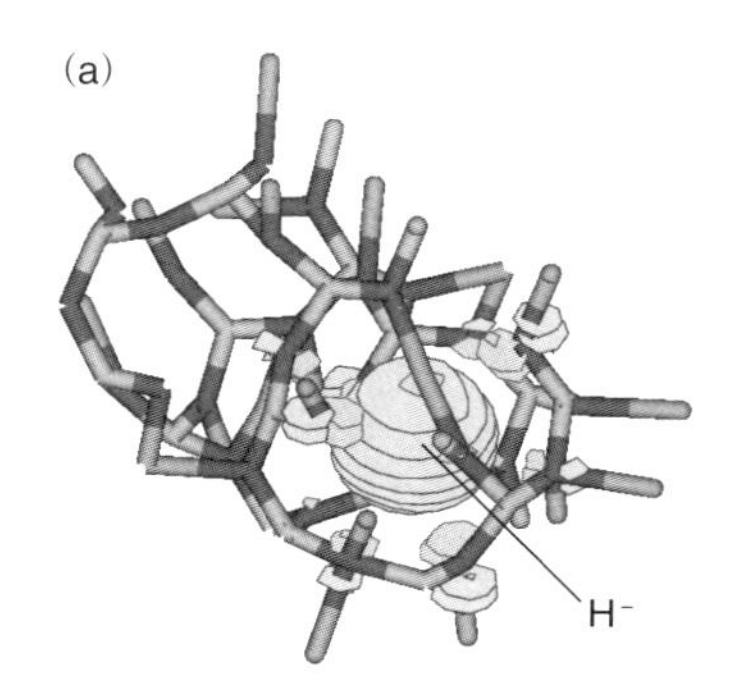

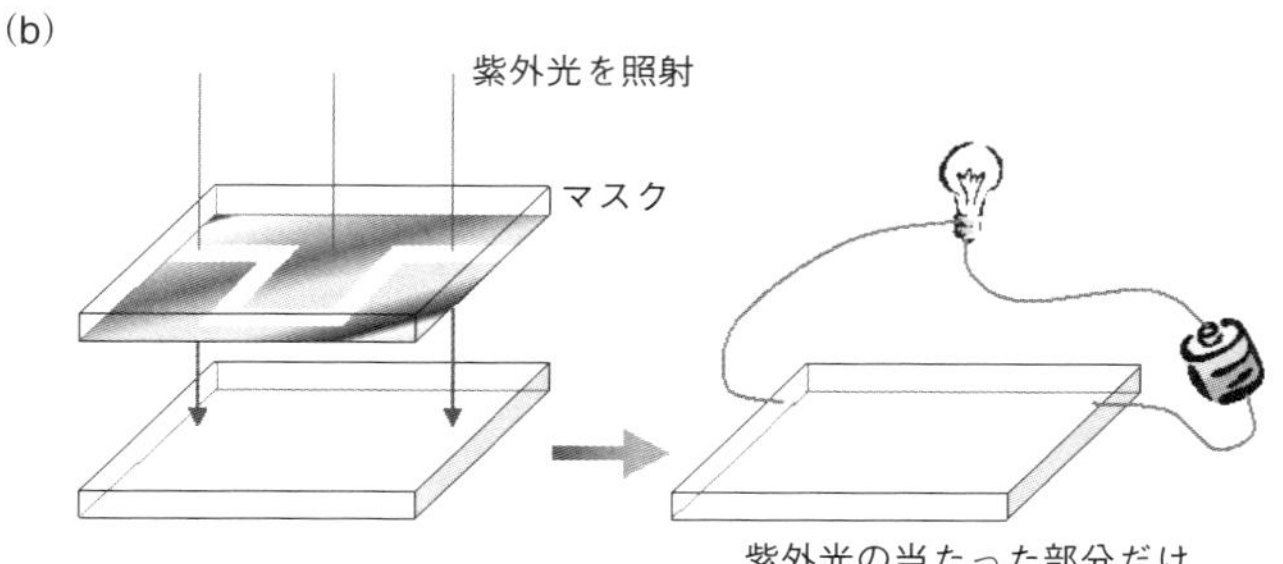

図３・８　C12A7:H⁻　(a)は構造を表す．ケージ中にはH⁻が入っている．(b)紫外光の照射による絶縁体から導電体への変化．これを利用した応用の例．

C12A7の実用の可能性としては、ほかの物質にはみられないユニークな性質を利用したものだろうと思っています。すなわち、アルカリ金属と同じくらい仕事関数(注3)が小さく電子を放出しやすいのに、化学的に安定という性質をもっているのです。

C12A7のこの特性を、エッセンシャル・フォー・ライフすなわち人間生活に不可欠の研究成果として実用化できるのではないかと考えています。それは人間に不可欠な食物を栽培するために必要となる窒素肥料、あるいはそれ自体が工業的に不可欠なアンモニアを合成するための、高効率の**アンモニア合成触媒**が実現できる可能性です。これについては次節で解説します。

5　エレクトライドによるアンモニア合成触媒

窒素肥料は人間にとって不可欠な食物の栽培には欠かせないものですが、二〇世紀初頭まで天然のチリ硝石を採掘し、使用してきました。しかし人口の急増によりチリ硝石の需要が増大し、資源の枯渇が懸念されました。一八九八年、英国の科学アカデミー会長に就任したクルックス卿（W. Crookes）は、このままいけば人類は数十年以内に飢餓に直面するであろうと警告した、有名な演説を行いました。当時、ドイツは海軍が充実していないことや、有利な採掘利権もなく、天然の窒素肥料の入手の見通しが暗い状況でした。このようななかで、ドイツのカールスルーエ大学教授のハーバー（F. Harber）が窒素と水素からのアンモニアの合成に実験室的に成功し、化学メーカーＢＡＳＦの技術者であるボッシュ（C. Bosch）がその技術の工業化に成功し、一九一三年より大量

（注３）固体の内部から真空中に電子を取出すのに要する最小限のエネルギー。

生産が始まりました。この方法は**ハーバー・ボッシュ法**とよばれ、今日に至るまでこの方法によって大量のアンモニアの合成が行われています。空気からパンを作ったと言われ、人類に絶大な貢献をした発明で、ノーベル賞を受賞しています。アンモニアは簡単に液体になるので、液体の状態で水素を運ぶことができ、必要な場所で分解して水素を使う、水素キャリアとしての応用も最近注目されています。ただ、この方法は高温（五〇〇～六〇〇℃）と高圧（一〇〇～三〇〇気圧）という条件を必要とし、アンモニアを合成するための投入エネルギーが大きいという問題があります。

ハーバー・ボッシュ法のアンモニア合成をこれまでより、省エネルギーで合成できる可能性がないか、また水素キャリアとしてアンモニア合成を小規模で、手軽にできる方法はないかと考えました。いろいろな可能性を検討したなかで、C12A7エレクトライドの、電子を出しやすく化学的に安定であるという点に注目しました。アンモニア合成における第一の問題は、安定で分解しにくい窒素分子を原子状態に分解することです。この窒素分子は原子同士が三重結合で強く結合していて、これを原子状態に切り離すには大きいエネルギーを必要としています。ハーバー・ボッシュ法では、カリウム（K）を含む鉄鉱石を合成触媒として用いています。この窒素・窒素三重結合を容易に切断するにはアルカリ金属を用いればよいことはわかっていましたが、窒素とアルカリ金属が反応して安定な窒化物が生成してしまうので、触媒としての機能はないことになります。したがって、アルカリ金属と同じように電子を出しやすく、かつそれ自身は安定であるという物質が求められるの

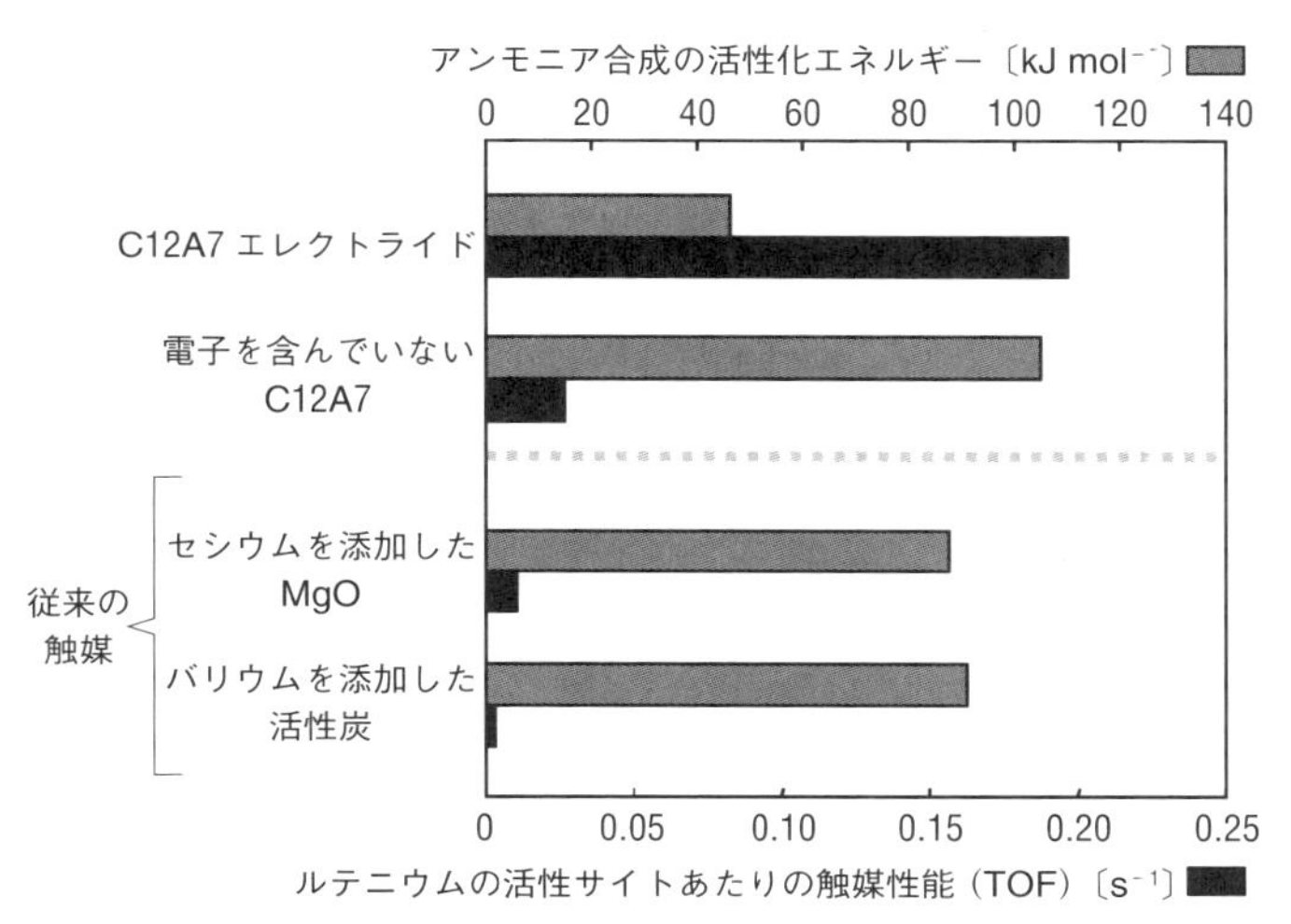

図3・9　それぞれのアンモニア合成触媒についての活性化エネルギーと触媒性能の比較　従来の触媒と比べると，C12A7エレクトライドの場合は，活性化エネルギーが約半分であり，サイトあたりの活性は1桁高い．

です。ここでC12A7エレクトライドに改めて注目すると、この条件に合致していることがわかったのです。検討の結果を図3・9と図3・10に示します。

これまで低圧でのアンモニア合成を可能にする触媒としては、セシウム（Cs）を添加した酸化マグネシウム（MgO）やバリウムを添加した活性炭にルテニウム（Ru）を担持したものを用いていました。私たちはC12A7エレクトライドにルテニウムを担持したものを触媒に用い、アンモニア合成を行いました。

図3・9は、それぞれのアンモニア合成触媒の、アンモニア合成の活性化エネルギーとルテニウム触媒性能の結果です。**活性化エネルギー**はアンモニアを合

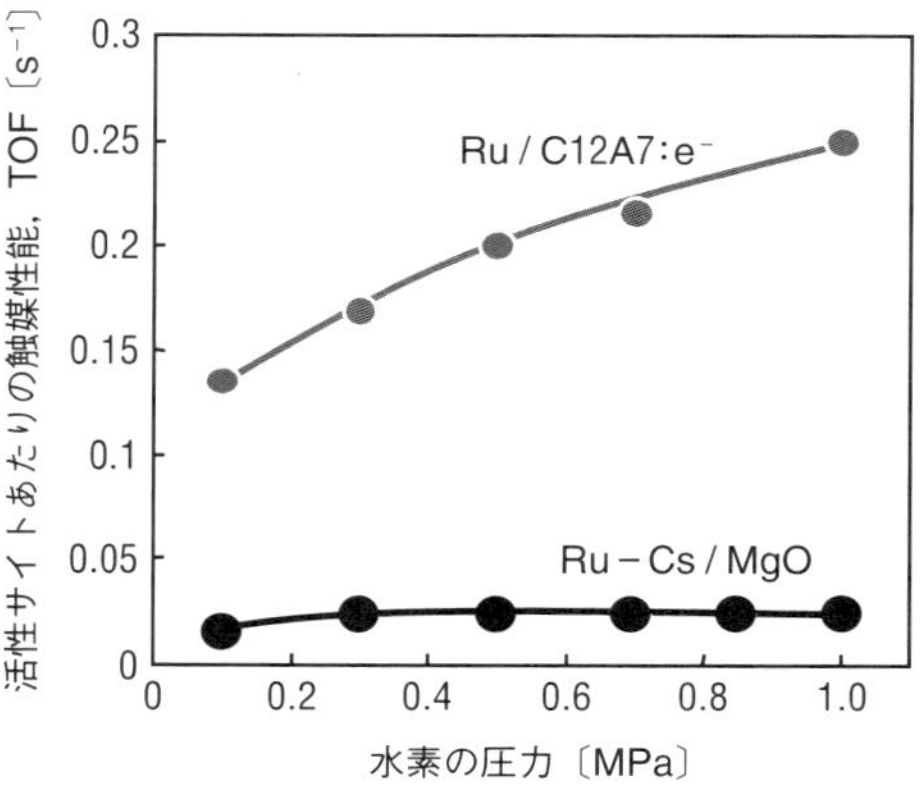

図3・10　高圧での触媒活性　C12A7エレクトライドを用いた触媒は，水素被毒に強い．

成するためのエネルギー障壁の大きさです。C12A7エレクトライドはアンモニア一モルあたり四三キロジュールという大きさで、従来の触媒を用いた場合に比べて二分の一になっています。また、**触媒性能**というのは、触媒の活性サイト（活性部位）あたりの活性のことで、この指標がTOF（turnover frequency）値です。図3・9にはそれぞれの合成触媒のTOFも表していますが、C12A7エレクトライドは、従来のルテニウム触媒の一〇倍の活性をもつことが実証されました。

　また同時に新しい事実も見いだされました。ルテニウム触媒を用いたとき、窒素の解離とともに水素も解離します。アンモニア合成ではアンモニアを液体で取出す必要があり、そのために一〇気圧の加圧を必要としますが、従来のルテニウム触媒では、触媒の活性サイトを水素が覆ってしまい、図3・10に示すように高圧にしても触媒活性が低いままです。それに対してC12A7エレクトライドを用いたルテニウム触媒は、加圧をするとともに触媒活性が増大するという利点も見いだされま

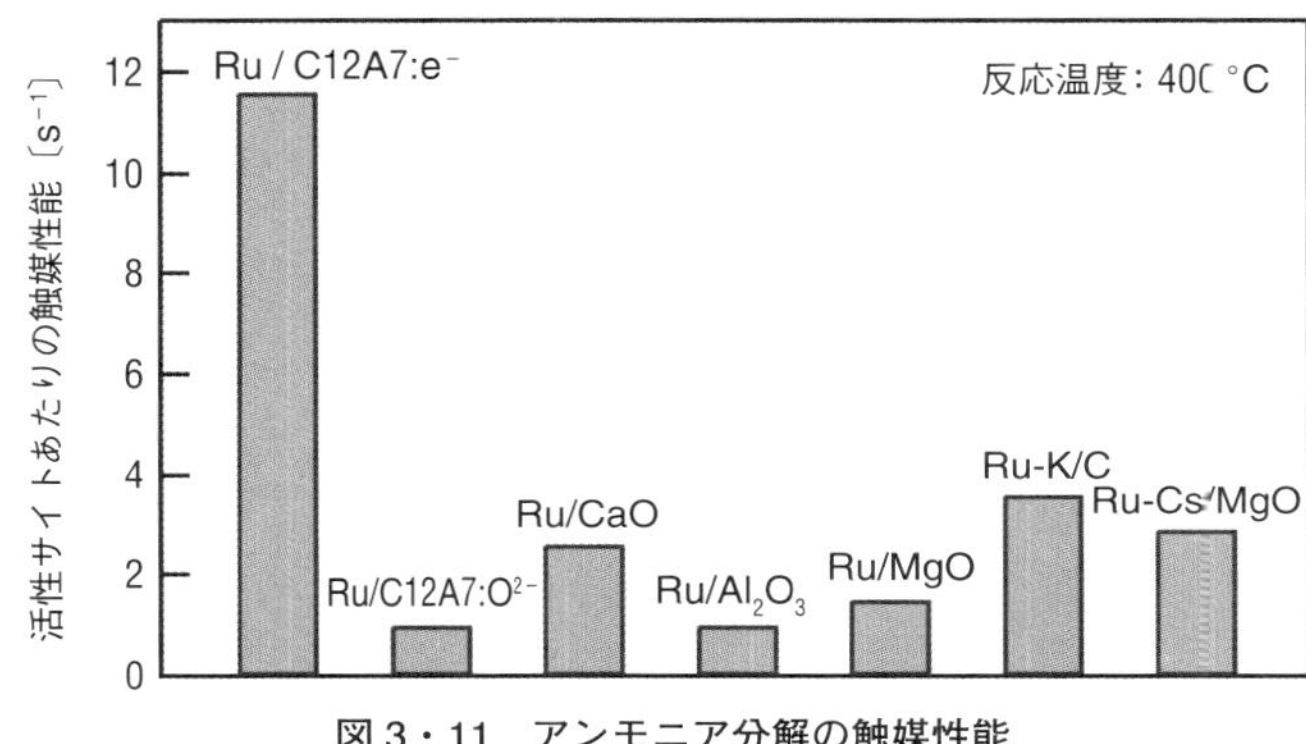

図３・11　アンモニア分解の触媒性能

した。

さらに合成アンモニアを必要とする場所で水素に分解させるときの触媒性能は、図３・11に示すように、従来の触媒の四倍という性能をもっていることがわかりました。

アンモニア合成の最大の難関であった窒素・窒素間の三重結合の切断は、Ｃ12Ａ７エレクトライドにルテニウムを担持した触媒を用いることで窒素分子の解離を容易にできるようになったので、解離した窒素と水素の結合が律速段階になっています。

現在、実験室規模ですが、三五〇℃、一気圧でルテニウム担持Ｃ12Ａ７エレクトライドを用い窒素と水素ガスを流すことで、簡単にアンモニア合成ができています。三五〇℃というそれほど高くない温度で、さらに一気圧で合成できるという点は、これまでの方法とはまったく異なる製法であり、ひとえにＣ12Ａ７エレクトライド材料の性能によるものです。

6　鉄系高温超伝導材料の創出

超伝導とは

三つめの研究として、新しい**超伝導材料**の開発成果について紹介します。**超伝導**は、水銀（Hg）などを極低温の絶対温度の四ケルビン付近まで冷却したときに電気抵抗が急激にゼロまで下がる現象で、約百年前オランダの物理学者オネス（H.K.Onnes）によって発見されました。電気抵抗がゼロになる温度を**臨界温度**とよんでいます。超伝導現象の発見以来、さまざまな金属や化合物が、より高い臨界温度を示しましたが、一九五〇年代に入っても、臨界温度の最高は二〇ケルビン程度でした。

超伝導は現象が明快で、かつそれが実用化されればそのインパクトは絶大です。ところが、超伝導状態になる臨界温度を半定量的にでも予想でき、そして実験家の信頼に足る理論はいまだに存在していません。それどころか、超伝導現象の発見以来百余年の歴史をみると、画期的といわれる超伝導物質は、それまでの定説を覆すものだったといえます。室温超伝導現象がどのような物質で現れるのかが、現時点でもわかっていません。ビッグデータの解析や人工知能を駆使しても、いかんともしがたいというのが現状です。

超伝導材料探索の歴史

図３・12に、年代を追って新しい超伝導材料の発見とその臨界温度を示しています。一九一一年の超伝導現象の発見以後、少しずつ臨界温度は上昇しましたが、一九七〇年代になって二〇ケルビンで止まっていました。一九五八年には米国の物理学者である、バーディーン（J. Bardeen）、クーパー（L. N. Cooper）、シュリーファー（J. R. Schrieffer）の三人による、ＢＣＳ理論が発表されました。格子振動を媒介とするＢＣＳ理論の枠内にある限り、転移温度は三〇ケルビンを超えないであろうといういわゆる「ＢＣＳの壁」といわれていました。通常の固体物性論では整然と並んでいる各原子がつくる場の中を、おのおのの電子は独立に運動するという大前提のもとでバンド計算して、電子物性を説明できます。しかし、超伝導現象は二個の電子が瞬間的にペアを形成し、ペアの相手となる電子を変えていくことで生じるので、バンド理論は適用できません。超伝導の探索では、画期的な超伝導物質は設計的な手法でできたことはないといわれており、その後もまったく予想外の発見が続いています。

ＢＣＳの壁は容易に破られることなく、超伝導現象は実用化には程遠いものでした。ところが一九八六年、ミュラー（K. A. Muller, 1927～）とベドノルツ（J. G. Bednorz, 1950～）が、銅の酸化物である、La–Ba–Cu–O系の物質が新しい高温超伝導を実現しているらしいことをドイツの学会誌に報告します。そして東京大学の田中昭二と北澤宏一のグループが、これが本当の高温超伝導現象であることを確認しました。これが新しい超伝導物質として注目され、多くの研究者がこの分野に殺到し、超伝導フィーバーといわれるすさまじい集中的研究が世界中で始まります。

そして一九八七年、ヒューストン大学のチュウ（P. Chu, 1941～）とアラバマ大学のウー（M. K. Wu, 1949～）は、イットリウム（Y）を含む銅酸化物（Y–Ba–Cu–O）の超伝導転移温度がこれまでより飛躍的に高い九〇ケルビンとなることを発見しました。液体窒素の沸点が七七ケルビンですから、これまでの高価な液体ヘリウムで冷却する必要がなく、液体窒素で動作するわけで、実用化に向けて大きく前進しました。数年後には、高圧の条件下ですが臨界温度は一三〇ケルビンまで上昇してきており、その後停滞しています。これらの物質は、線材に加工することが大変に難しく、この点が実用化に向けての問題になっています。

二〇〇一年に、青山学院大学の秋光純がMgB_2という従来の金属系の物質で超伝導現象を発見し、臨界温度は三九ケルビンを示しました。秋光は当初、チタン（Ti）の磁性イオンが何らかの意味で本質的な役割を果たすであろうとの予測のもとに、Mg–Ti–B系の物質で超伝導現象の研究を始めたのですが、期待した成果が上がりませんでした。卒業研究の学生から、チタンを抜いてMgB_2だけで検討してみたいという申し出があり、本来の狙いと違っているけれども検討してみようということ

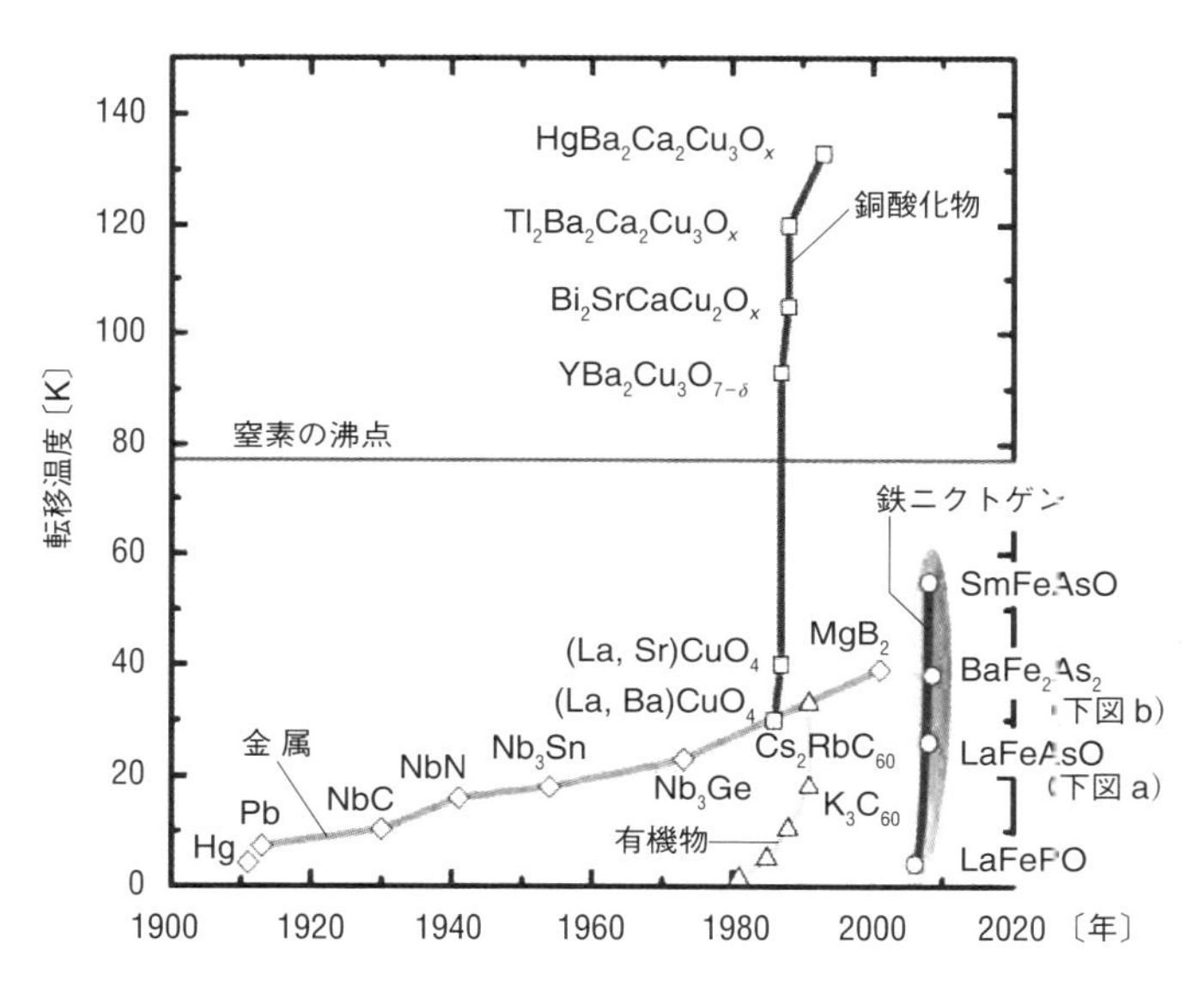

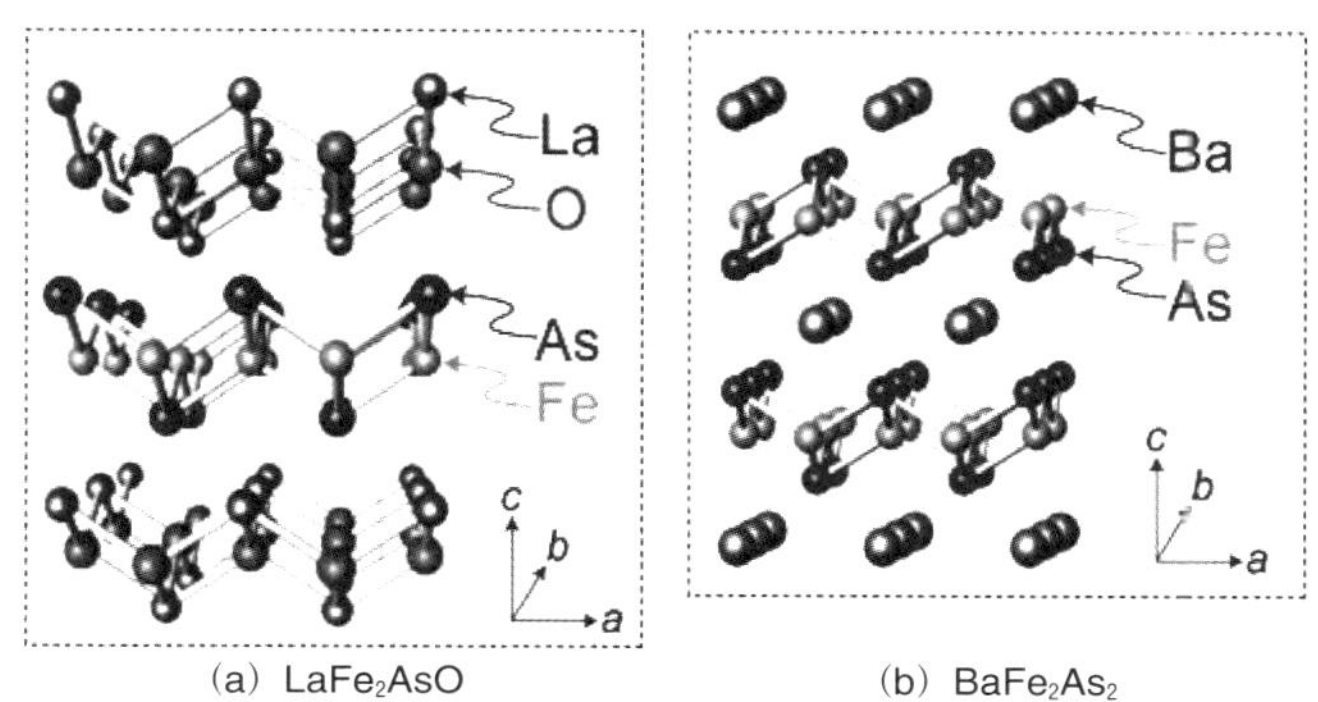

（a）$LaFe_2AsO$　　（b）$BaFe_2As_2$

図 3・12　超伝導材料 100 年間の開発の歴史と鉄系超伝導物質の結晶構造代表

とで、実験した結果、臨界温度が三九ケルビンという予想外の結果を得たものです。このように画期的な超伝導物質は予想を越えたところで発見されています。

二〇〇〇年代に入って、銅系超伝導材料の臨界温度も頭打ちになり、ほかにめぼしい新物質も発見されなかったことから、二〇一五年頃には超伝導の研究は世の中から消滅するであろうという、有名なドレスデンレポートが出ました。

鉄系超伝導物質の発見

このような状況のなかで、私たちは二〇〇六年、鉄を含む**鉄系高温超伝導物質**を発見しました。当初、臨界温度は四ケルビンでしたが、その後 LaFeAsO 系で二七ケルビン、$BaFe_2As_2$ 系で三九ケルビン、SmFeAsO 系で五五ケルビンと、一年以内に次々と新しい物質が見いだされ（図3・12）、銅系高温超伝導物質を除くと一番高い臨界温度を記録し、高温超伝導の可能性に再び注目が集まりました。最近中国で、セレン化鉄（FeSe）を一層にすると臨界温度は一〇〇ケルビンになると報告されており、これが事実ならば液体窒素温度を超えたことになります。

鉄系超伝導物質の発見は研究者のなかで大きな注目を浴びました。それは、本来超伝導現象の発現には、鉄などの磁性をもっている素材は適切ではないと考えられていたからです。超伝導現象は、二個の電子が瞬間的にペア（クーパー対とよばれる）をつくることで生じます。このとき、二つの電子のスピンは逆向きで、運動量はゼロになっています。これに対して、磁性というものはスピンが一方向に並んで、時間的に変動しません。したがって、クーパー対の形成ができないことになります。これが磁性をもつ鉄、コバルト、ニッケルは超伝導の発現には向かないと考えられてきた理由です。

私たちは当初、薄膜トランジスタ（ＴＦＴ）構造を使って電圧で磁性を制御できる、新しい磁性半導体の候補物質を探索していました。すでに開発していたp型透明半導体である（$La^{3+}O^{2-}$）$^{+}$（$Cu^{+}Ch^{2-}$）$^{-}$をベースに物質を考えました。この物質はスピンをもっていないので、スピンをもたせるには一価の銅の部分を二価の遷移金属イオンとし、電気的中性を保つために、陰イオンのカルコゲン化物イオンCh^{2-}（注４）を三価のニクトゲン化物イオンPn^{3-}（注５）にしなければなりません（$La^{3+}O^{2-}$）$^{+}$（$M^{2+}Pn^{3-}$）$^{-}$。ここでＭはMn、Fe、Co、Ni、Cuで、PnはP、As、Sbです。

まずは、このような複雑な化合物はこれまで研究されていなかったのではないかと、過去の文献を調査しますと、驚くべきことに研究報告が出てきました。ドイツの研究者のジャイシュコ（W. Jeitschko）が、一九六〇年代に米国のデュポンの研究所でこれらの化合物を合成し、結晶構造や

（注４）Chはchalcogenの略。カルコゲンは周期表において第16族に属する元素（O、S、Se、Te、Po）。
（注５）Pnはpnictogenの略。ニクトゲンは周期表において第15族に属する元素（N、P、As、Sb、Bi）。

格子定数の報告をしていたのです。ところが、物性はまったく調べられていませんでした。そこで、これらのデータベースを参考に鉄ニクトゲン系物質を作製し、通常の電気特性とともに、超伝導特性を測定したところ、超伝導現象が発見されました。二〇〇六年に LaFePO で臨界温度が四ケルビン、二〇〇八年には $LaFeAsO_{1-x}F_x$ で臨界温度が二七ケルビンを、いずれも米国化学会誌の速報として発表しました。後者の論文は二〇〇八年に発表されたすべての科学論文のなかで、引用数が世界一になり、科学誌『サイエンス』が選定する Breakthrough of the Year 2008 にもランクインしました。

ニクトゲン元素がリンの場合は、四ケルビンという低温で超伝導を示します。このリンをヒ素に置き換え、さらに鉄の一部をフッ素で置換することにより電子を添加しますと、臨界温度は一挙に二七ケルビンまで上昇しました。

鉄は大きな磁性モーメントをもっているので、超伝導には不向きな元素だと考えられていました。しかし、高圧下では超伝導性を示します。すなわち、鉄を二〇万気圧の状態にすると、通常は結晶構造が体心立方型であったものが別の構造に変わり、スピンのモーメントが消失し、臨界温度が〇・四ケルビンの超伝導現象が出てくることが知られていました。

私たちが鉄オキシニクトゲン化合物で超伝導現象を発見できたのは、電子をドーピングすることによって、高圧をかけなくとも、比較的高温で超伝導現象を示す新しい物質を見いだしたからです。

鉄を用いた超伝導物質は不可能であるといわれていたのですが、二〇〇六年に発表して以来、世界中の研究者がこのテーマに取組み、今では数十種類にも及ぶ物質が報告されています。基本構造も明らかになってきまして、二価の鉄イオンが平面上に正方形を組んで並び、その上下にニクトゲン化物イオン（ヒ素、リン）、またはカルコゲン化物イオン（硫黄、セレン）のいずれかが層を形成している構造です。

実用化に向けて

高温超伝導材料の用途として大きなものは、核磁気共鳴（NMR、nuclear magnetic resonance）などで用いられる超伝導磁石用のコイルです。その実用化のために要求される特性には二つあります。一つは、超伝導が強い磁場下でも消失しないことです。この点は鉄系超電導物質が優れています。もう一つは、大きな超伝導電流を流せる線材を容易に作製できるということです。超伝導線材は小さい結晶サイズの多結晶の塊です。このとき、隣接する結晶粒子間の結合角度が大きい場合は、大きな電流を流すと超伝導状態が壊れてしまい、十分な電流を取出すことができなくなります。鉄系超伝導材料は、先に開発が進んでいる銅系超伝導材料に比べて結晶粒子間の結合角度が二倍くらい大きくとも、流せる電流が低下しないという利点をもっています。これは、テープ状や線材に成型加工する際にきわめて有利です。

金属合金の超伝導材料は線材に成型加工しやすく、研究も進められています。秋光が見いだしたMgB_2も成型が容易という利点がありますが、高い磁場では流せる電流密度が低下してしまうという欠点があります。

私が研究統括をしているJSTの戦略的創造研究推進事業のさきがけ「新物質科学と元素戦略」のなかで、東京農工大学の山本明保が鉄系超伝導材料を利用して、従来のネオジム磁石を凌駕する超伝導バルク磁石の試作に成功しました。鉄系超伝導体でバルクの試料をつくり、それを磁化して、冷やしたまま使います。鉄系超伝導体は二五ケルビンで超伝導化しますので、高価な液体ヘリウムを使わなくても冷凍機で冷却できるというメリットがあります。また磁石の強さはもう一桁くらい大きくできると思います。そうなれば磁石の形状も小さくできますのでNMRの装置も大幅に小さくなり、安価になるものと期待されています。

7 材料開発の今後の方向

文部科学省のプロジェクトで二〇一二年から元素戦略プロジェクトが始まっています。JSTが二〇〇四年に「夢の物質へ」というシンポジウムを開催し、その成果が元素戦略という概念に収れんし、国策の一つとして具体的な推進が始まっています。国内で四拠点ができていまして、触媒・電池材料、磁石材料、構造材料、それから電子材料です。私たちは電子材料の拠点に選ばれていて、東京工業大学を中心とし、物質・材料研究機構（NIMS）と高エネルギー加速器研究機構（KEK）が連携機関になっています。物質を創るグループ、計測をするグループ、理論計算をするグループが、一緒になって新しい材料を創ってみようということをやっています。東京工業大学では元素戦略研究センターが設立され（図3・13）、私がセンター長を務め、多存元素（注6）を使って革新的な電子機能の設計と実用化を目指すという目標に沿って、さまざまな物質と材料の研究を推進しています（図3・14）（注7）。

8　マテリアルゲノム

米国で**マテリアルゲノム**という新しい材料開発手法が始まっています。材料関連のデータベース、

（注6）鉄やシリコンのように多く存在する元素をいう。
（注7）http://www.msl.titech.ac.jp/assets/images/member/profile/img2013/element_2013.pdf

図3・13 元素戦略研究センター棟 2015年4月竣工.
各階の窓の数は周期表の一列の元素の数と同じ18.

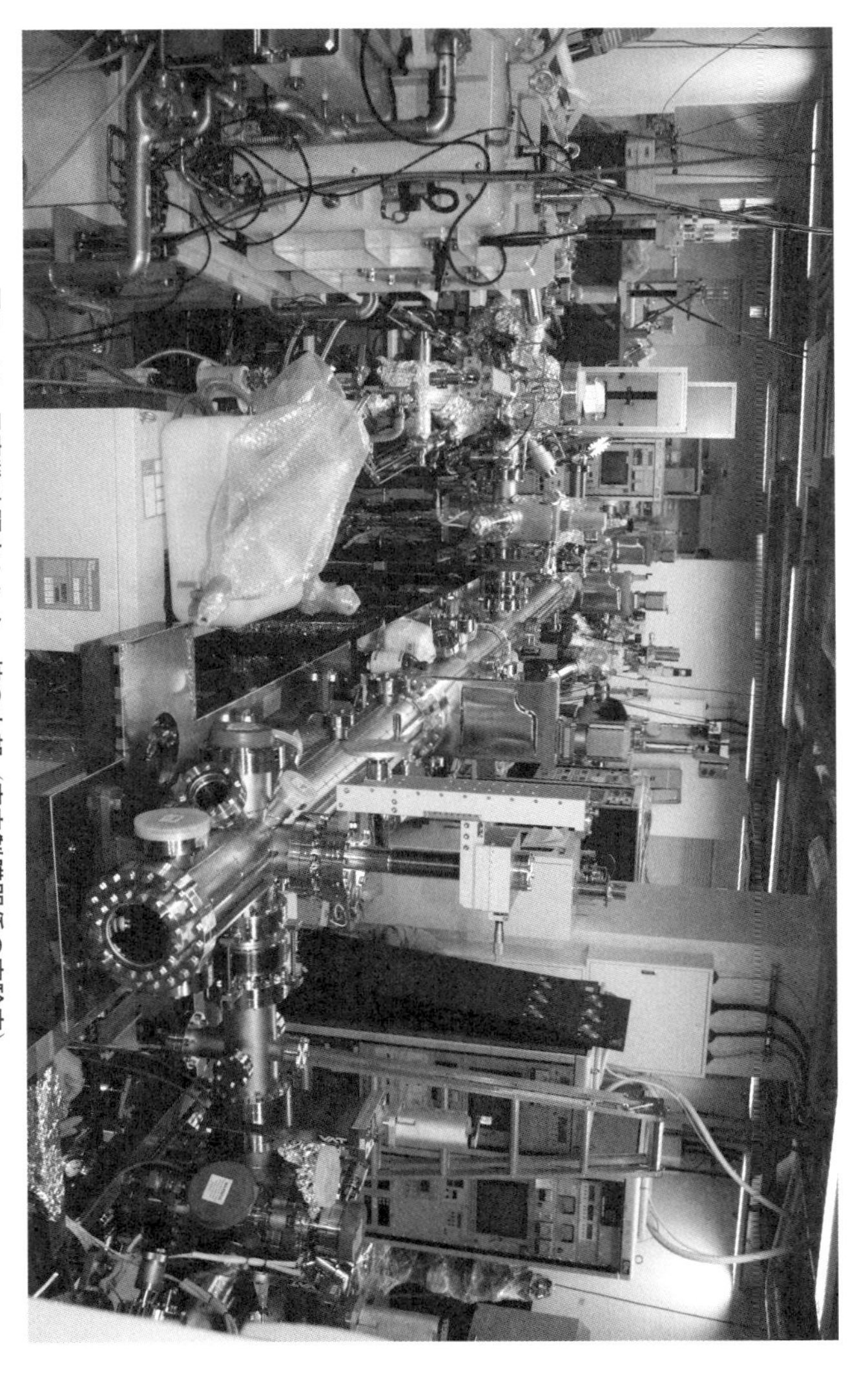

図3・14　元素戦略研究センター棟の内部（真空製膜関係の実験室）

材料合成技術、評価技術を融合して、ビッグデータ処理を行い、材料設計を行おうというもので、マテリアルゲノムイニシアティブが活動を開始しています。二〇一一年米国でスタートしましたが、中国もただちにチャイナマテリアルゲノムイニシアティブを設立して、活動を始めています。日本においてもNIMSを中心にマテリアルゲノムというのが始まっています。

マテリアルゲノムの開発手法と少し似ていますが、より学問的なかたちのものとして、逆材料設計、**インバースデザイン**という手法が注目されています。これまでは物質の性質を調べて、その機能を確認していたのですが、今度は逆に、必要な機能を満足する、実現するために必要な電子状態を初めに決めて、それに必要な物質の構造を逆に求めていこうという試みです。ある結晶構造を想定して、あるいは原子配列を想定して、遺伝的アルゴリズムなどを用いて電子状態をコンピューターで系統的に計算し、目的とする機能をもつ候補物質を選び出すという試みが、世界の各地で始まっています。

私の知人でコロラド大学教授のズンガー（A. Zunger）は、米国エネルギー省（DOE）から資金を得て、Center for Inverse Design を運営し、新しい材料開発を行っています（注8）。彼のホームページをみると、「画期的な物質というのは、ほとんどが偶然で見つかった。その典型は鉄系超伝導物質である」と記載されています。超伝導材料研究では、このような設計手法で成功した例はいまだありません。

現在、マテリアルゲノムという方法は産業界も含めてブームになっていますが、いまだこのやり方で画期的な物質は見つかっていません。ただ、手法としてはこれから、材料研究の道具として、有効なものだろうと思います。

私のグループの平松秀典と、応用セラミックス研究所の大場史康が一緒になって、直接遷移型の新しい窒化物半導体物質のインバースデザインを検討しています。窒素と亜鉛を含む六〇〇種類以上の物質の電子状態を計算し、熱的安定性をクリアしたものとして、$CaZn_2N_2$ というこれまでに報告されていない新物質がインバースデザインの結果として得られたのです。

この物質は通常の方法では合成できません。計算の予測に従い、高圧の窒素雰囲気下で合成を行うことで実際に試料が得られました。予測されたバンドギャップは一・九電子ボルトで、合成された試料の結果もほぼ計算通りでした。バンドギャップに対応した六五〇ナノメートル近傍の赤色の発光が観測されました。いまだ初期段階ですが、インバースデザインの手法が有効であるという感触を得ています。窒化物半導体材料としては、窒化インジウムと窒化ガリウムがよく知られていますが、インバースデザインの手法を駆使することと、高圧合成法という新しい合成手法を組合わせ

（注8）http://www.colorado.edu/zunger-materials-by-design/efrc-cid

ることで、新しい半導体材料が見いだせるものと期待しています。

多量のデータを情報処理の手法を駆使して解析し、必要な機能をもつ材料を設計しようとするのがマテリアルインフォマティクスです。これに期待することは、膨大な物質のデータを単に整理することではなく、より包括的に整理して、高次のコンセプトとして可視化することです。たとえば電子状態のフェルミ面のトポロジー（位相）が整理されてみえるようになれば、次の段階の発想が容易になります。

期待される二点目は、物質のデータを一つの物性でのみ整理、検討するのではなく、異なる物性、特性をそれぞれ整理したのちに、整理したパラメーターの異なるものを複数でかけ合わせて、マトリックスとしてデータを検討することで、これまで気づかなかった新しい研究領域が見えてくることになると思います。これまで理論上できないと言われていたことでも、新しい視点で実験を行うことによって実現したことは、何度も経験したことです。マテリアルインフォマティクスで新しい研究領域が見つかるのではないかと思います。

期待される三点目は、過去の膨大なデータの整理です。研究者はこれまでの論文を読むこと、追試をすることに多大なエネルギーを使ってきています。過去の情報の階層的な整理によって、機能の視点で俯瞰できる教科書や学問体系ができることによって、新しい研究の地平が開けるのではないかと期待しています。

最後になりますが、人間はこれまで新しい材料を創り続け、文明を切り開いてきましたが、これからもひき続いて、新しい材料を創り続けることになりますし、私もその一端を担いたいと考えています。

第4章　ナノ・バイオ・ITの未来

細野秀雄
松尾豊
関山和秀
唐津治夢

本書は、武田計測先端知財団が二〇一六年二月に行ったシンポジウム「人間が超えられるか！」の三人の演者（細野、松尾、圓山）が、講演をもとに書き下ろしたものです。第4章に、そのシンポジウム中に行われた、三人の演者と、司会の財団理事長 唐津によるパネルディスカッションを抄録し、最先端研究を取巻く状況と今後の展望についてまとめました。

人間が超えられるか

唐津　「人間が超えられるか！」というシンポジウムのタイトルは日本語としては変だと思われたかもしれません。実はこれは掛詞になっておりまして、人間の努力が自然界を超えられるかということと、人間が何かによって超えられるのかと、そういう二つに読むと主張をする人がおりまして、財団のなかでもだいぶ議論をしました。半分判じ物のようですが、面白いからやってみようということで、このタイトルになりました。お話を聞いていただくと、なるほどそういうものが混在しているとご理解いただけたのではないかと思います。

私が冒頭に、分野の違うお三方をどうやってつなげるのかという、導入のお話をしています（『まえがき』参照）。今回はなかなか難しいのですが、つぎのような話から始めます。

二〇〇四年九月二九日にＭＩＴ（マサチューセッツ工科大学）主催で開催された第二回新興技術コンファレンスで、レイ・クルツワイルが基調講演として「技術が加速するイノベーション」という講演をしました(注1)。二〇五〇年の技術予測の講演なのですが、二〇五〇年を展望するのに、三つの切り口からみると彼は言いました。その三つは、**バイオ**技術と**ナノ**技術と**ロボティクス**です。ロボティクスは、実はＡＩ（人工知能）です。この三つの技術がどうなっていくかという切り口から二〇五〇年を展望しましょうという話を組立てました。今日のお三方のお話はそうなっています。関山さんはバイオの代表、細野先生はナノの代表、松尾先生はロボティクス・ＡＩの代表ということになります。これからの世の中を展望するときに提言された切り口に合っています。ＭＩＴでの講演のなかでいろいろな話をしていたのですが、将来的にこれらがみんな絡まってくるという話になっています。ナノにロボットのボットをつける**ナノボット**という言葉が出てきて、これは何かというと、ナノですから非常に小さいものなのですが、バイオ的な考え方が織り込まれたロボットであって、コントロールはＡＩで行われるというものなのです。そういうものが将来出てくるナノボットで、ありとあらゆる仕事がナノボットによって置き換えられるといわれています。今回の演者のお三方は全部絡んでいます。

彼は、ナノボットを作っていくときにいろいろ心配なことがあると言っています。ナノボットが人間に敵対するとか、いろいろあるのですが、非常に深刻な問題として、自己増殖の機能があるように設計されたナノボットの場合にどうなるかということがあります。今までの機械は作られてそれっきりなのですが、ナノボットを上手に作ると、自分のコピーを自分で作ってしまうという機能をもつようになります。そうすると、ネズミ算式に増えます。どのぐらいのサイクルで自己増殖を始めるかということにもよるのですが、二四時間ぐらいで地球上の資源を全部食いつぶすと彼は計算しています。だから、自己増殖はやめておいたほうがよいと言っていました。でも、欲しい人は欲しいだろうねと書いてありまして、将来、もしかするとそういうところにつながっていくかもしれないのですが、それについてのコメントから入っていただこうかなと思います。

松尾　今の話は、『トランセンデンス（注2）』という映画があって、多分そこの世界観とすごく近いという気がします。自己増殖というのは確かに危険ですし、やらないほうがよいのです。しかし、今までいろんな種の生物が絶滅してきていますし、自己増殖といっても生き残ることはそんなに簡

（注1）Ray Kurzweil, "Innovation in an Era of Accelerating Technologies", The Second Annual Emerging Technologies Conference.

（注2）二〇一四年の英国・中国・米国で製作されたSFサスペンス映画。タイトルのトランセンデンスは超越という意味。

単ではないと思います。ですから、そんなに危惧があるのかなあというのが正直なところです。ちょっと面白いのが、科学未来館の毛利 衛館長とお話ししていましたら、そうやって危惧すること自体が、人間の生命力が強いということだよねと、おっしゃっていまして、確かにそうだなと思いました。とにかく脅威になる可能性のあるものを早く見つけようというのは、人間のすごい習性だと思いました。

細野　いつも、過剰反応が起こります。コンピューターが出てきたとき、人間は要らなくなってしまうという話がありました。そのとき、開発者は「いや、困らないですよ。電源を抜けばよいのですよ」と言いました。何か新しいものが出てくると、すべてが解決したような気になってしまいます。が、ＡＩでも、多体問題（三体以上のものが相互作用する系での問題）はいっこうに解けていません。そんなに何でも万能にできるということはありません。過剰反応は人間の防衛本能でもあるし、あるいは想像力の原点かもしれません。そう捉えればいいのだろうと、僕は思います。

関山　私どものタンパク質合成の分野でも、遺伝子工学は、ものすごく危険ではないかとか、バイオハザードなどをとても心配される方がいらっしゃいます。大事なことはどんな場合でもメリットとデメリットとがあって、どこでバランスをとるのがよいかを自分たちで選ぶことだと思います。私たちも自動車関係のことをやっていますが、いつも話題に出るのが、交通事故でどれだけの人が毎年亡くなっているのかという話です。デメリットに重きをおくと、そんなに危険な製品を世の中に販売していいのかという話になってしまいます。ピーナッツアレルギーの方はピーナッツを食べて亡くなられてしまうわけですから、そんな危ない食べ物を八百屋さんで売っていいのかという話になってしまいます。そこはバランスをとって考えなければならない問題だと思います。わからないものだと、やっぱり危険だろうと思われて過剰反応になってしまいます。勉強をしていけば、使い方次第なのだということがわかってきますので、リテラシー（基礎知識とその活用能力）を高めていくことはすごく大事だと思います。

唐津　過剰反応しないで、もう少し肩の力をぬいて心穏やかにいきましょうというコメントと伺いましたので、皆さん、将来、どうぞ安心してお暮らしいただきたい。

大事なことは何か

唐津　松尾先生のお話のなかで、将来、ＡＩがどんどん進化していくと、搭載技術であるハードウエアの部分の基本的な性能というか、それが鍵になっていくというコメントがありまして、非常に印象的でした。細野先生、その辺でまさに我が意を得たりだと思われているのではないかと思いますが、いかがでしょうか。

細野　基本的には、最初の記述子（注3）が書けるかどうかが一番の鍵だと思います。さっきの画像認識技術を使ってロボットに人間を超える研究ができるかというと、僕はいまだとてもできないと思います。でも、高能率化に関しては非常にパワフルであると思います。ですから、それを使わない手はもちろんありません。ただ、人間は何をするか、研究者は何をするかというところが、やはり一番問われます。それは、人によって答え方が違いますが、僕自身は、どういうふうな記述子がぱっと書けるかどうか、が研究としては勝負だろうと思います。

コンピューターの強いところというのは、忘れないということなのです。年をとってくると忘れないということが結構しんどくて、名前が出てこないことが結構あります。忘れないことは大きな強みです。それから、いろんなもののいわゆる組合わせが全部機械的にできてしまう。それは非常に強い。もの（有用物質）を探すときに、昔は勘が多かったのですが、最近は、まず電子状態を計算してしまいます。計算してから、候補を絞ってやる。それは数年前では考えられなかったことなのです。あっという間にそういう状態になってしまいました。今どき、計算をしないでものを作るなんていうことは、われわれのところではあまりやっていません。ただ、計算するだけで最後までいくかというと、やはりいかないです。とてもいかない。どの物質系を選ぶかは、俯瞰的なイメージがない限り、とてもできません。昔は家に百科事典があったと思いますが、今はないですね。逆に言うと、今、どういう知識の分類の仕方をするかというところが多分勝負で、ファイルの中身の量の勝負ではなくなってきている。今の話は、まさにそれをもっと極限的に言われたのだろうと、僕は理解しています。

唐津　松尾先生、いかがですか。

松尾　そういう面も非常に大きいこととしてあると思います。一方で、人間の知能の一番重要なところというのは、特徴量を発見すること、どこがポイントだというのを発見することです。そこが今までのコンピューターにはまったく欠けていたのですが、そこができるようになりつつあります。この「つつある」というのが結構大事なところです。

細野　ええ。それが、僕のさっきの話になりますが、画像認識のようなものだけでわれわれの研究は動いてないです。もう少し高次のもので動いていますよ（笑）。

（注３）記述子とは、ＩＴや情報技術の分野の用語で、情報操作処理群を表すもの。ここでは、ある化学物質を考えるときにどのような操作をするとどういうことが起こるかを思い浮かべることができるかどうか、という意味で記述子が書けるかと言っている。

ＡＩが進歩して顔認識が人間よりも精度高くできるようになっても、そのＡＩが見る情報の範囲は大量の顔写真と決まっているわけで、見る範囲を選ぶことが重要な研究の場合には、どこを見るかを思い浮かべられる人間の能力が大事である。そのときに機械的な操作をコンピューターにやってもらうと大変助かることは当然ある。

松尾　いやいや、そのとおりです。ただ、人間も何かの仕組みで動いています。たとえば、科学的な発見をやる人工知能を作ろうとしても、私は今の人工知能でできると思いません。しかし、まず画像認識ができるようになる必要があります。そのうえで、いろいろ動けるようになる必要があります。それで世界を理解できるようになります。さらに、世界をより高度な方法で記述できる能力を身につける必要があります。ということをどんどん先までたどっていくと、だんだん科学的な発見をやるというところまで最後は行くのかもしれないとは思います。しかし、今はそんなところで議論をしていてもしようがなくて、画像認識ができる、あるいは運動の習熟ができるということぐらいまでは確実にできるようになってきているので、それでもインパクトは相当大きいわけですから、まずはそこをしっかり見るのかなと思います。

細野　つきつめると、感激できるかどうかなのではないでしょうか。何かをやろうとするときに、それをやって感激できるかどうかというところ、あるいは「頭に来るかどうか」というところ、人間のモチベーションはそこにあると思います。ですから、少なくとも感銘の測定ができなければならないと思います。感銘ができるかどうかの測定でどのぐらいセンサー機能が発達するか、わからないのです。最終的にそこに行き着くのかなあという気がするのです。

唐津　ありがとうございます。感激の塊みたいな関山さん、いかがですか。

関山　そうですね。私はどちらかというと、将来、人間みたいな知能をもったコンピューターが出てきてもまったくおかしくないとは思います。ただ、存在意義の問題があって、それが多分根本的に違います。たとえば、人間とロボットでは、生い立ちも、ストーリーも、家族も、いろんな初期状態の条件件が違うので、また別な個性をもった何かにはなるかもしれないですが、人間とまったく同じものにはそもそもなりえないと思います。こういう議論は、答えもないですし、ディスカッションとして楽しむという感じですね。

豊かにはなりたいが、環境は破壊したくない

唐津　何年か前のこの武田シンポジウムでシロアリの話を聞きました。そこで私が非常に印象的だと思ったのは、シロアリの個体数掛けるシロアリの質量、これは地球上で最大だということです。これに匹敵するのが人類だそうです。二〇一六年二月現在の世界に人口は七三億人です。それと人間の質量の積が人間のボリュームで、シロアリと人間が地球上を動いている生物で最大のボリュームとのことです。シロアリはたくさんいても環境を破壊していると誰も言わないけど、どうして人類だけ言われるのでしょうか。答えは非常に明快で、シロアリの場合は、生成物が死骸も含めて自動的に自然環境の中でリサイクルできるようなかたちのものしか排出しない。人類は、自然環境の中で自動的に分解できないものを山のように作ってしまう。これがよくない。だから、人類が増えると、環境汚染、つまり、もともとある地球の環境の姿に戻っていかないというご説明がありまし

て、なるほどと思いました。

関山さんの会社の人工合成クモ糸を使えば、そうではないものができるわけですね。

関山　そうですね。環境負荷については、すごく難しい問題だと思います。いろんな生物の環境がいろいろ変わっていきます。たとえば、昔は酸素がほとんどなかったのが、酸素が増えて酸素を使う生物がわーっと増えます。そうすると、酸素が不足してバランスが崩れる。何かがまた少なくなったらまたこっちが増えてという、バランスを常にとっているわけです。結局、環境破壊は、人間の主観的なものだと思っています。自分で自分の首を絞めていることに気づいたのです。このままいくと人間にとって悪いことになるので、何とかしなければならない。自分たちの生命を脅かすとか、自分たちの種の存続を脅かすことになってしまうと認識し始めて、どうしたらいいのかを考えるようになったということだと思います。すごく消費が豊かで、一人一人が使うエネルギーもすごく高くて、自然環境の中では分解できないようなものを使っていても、地球の生態系で吸収できる範囲であれば、それはそれでよいのだと思います。今の世界人口で消費がさらに増え続けたときに、もう吸収できないことが、すごく問題になると思います。ただ、今からブレーキを踏んでも車は急には止まれないですし、二酸化炭素の排出も含めてこの消費の増加、加速度的な増加の傾向自体は頑張ってもなかなか止められるものではないと思います。しかし、このままいくといろんなリスクが増え続けて、最悪、戦争やテロなどがどんどん増えていくと思います。できるだけ静かに着地したいですし、できれば破綻しないでこのまま、むしろより世界が平和になるように努力していきたいと思っています。そのために地球の生態系の中に産業を組込んでいくという意味では、自然の生態系が使っている材料や、自然の生態系が使っているシステムをうまく取入れて、エネルギー効率高くいろんなものを使ったり、つくったりできるようになることがすごく大事だと思って、今の事業をやっています。それは一つのアプローチであって、いろんなアプローチがあると思いますし、それを全方位的にすべて使いこなして解決にあたっていかなければ、崩壊に向けてアクセルを踏んでいるようなものだと思います。そのために自分たちとしてできるだけ、世の中に対して、人類全体に対して生み出せる価値を最大化していけることに常に取組み続けたいというモチベーションで、開発とその事業化に取組んでいます。

唐津　細野先生が開発されておられる新材料も、たとえば、機能性を高くするとか効率を上げるとか、なるべく少ない分量の素材の使用でより効率的な成果を実現するというのは、今の方向性という意味では同じ考えと思ってよろしいのでしょうか。

細野　僕は、バイオミメティックス(注4)ではなくて、物質を便利なように作りかえて材料として使

（注4）バイオミメティックス、自然に学ぶものつくり。生物がもつ優れた機能を人工の物質やその組合わせで実現しようとする化学領域のこと。

えるようにして、人類が繁栄できるようにやってきました。だからいろんなものが安くみなさんの手にわたっているわけで、バイオミメティックスでやったら、それは膨大なコストがかかってしまいます。やはりコストを考えて、自然がやっていることのある部分だけを取出して、それを人工的にものすごく大きくして、それで文明は成り立っているわけです。僕は、それを絶対忘れてはいけないと思います。江戸時代に戻れという議論は科学的にも、経済的にもあまりにナンセンスです。人間の文明はどうやってできたか。やはり、自然の中のある部分、重要な部分を取出して、そこを人工的に巨大化しています。能率をよくして、大量に作って、安くして、誰にでも行き渡るようにした。それでよりよい生活ができてきた。もちろん、いろいろなものを作りすぎて、いけないものを作ってしまったということもありますが、方向としては間違ってないと思っています。だから、バイオミメティックスそのものは研究として意味があると思いますけど、すべてバイオミメティックスでできるほど、甘くないと思います。それは方向が違うと思います。

唐津　素材もいろんなスペクトラムがあって、そういうものでカバーできるものと、新しくとってこないと、われわれの利便性、たとえば、金属がなければやかんが作れないわけですから、お湯が飲めないわけです。

それでは、非常にプリミティブな質問で、クモの糸でやかんが作れるようになるのだろうかと。その辺はいかがですか。

関山　細野先生の言われるとおりだと思っていまして、私たちはこの材料で全部できるなんて、そんな大層なことは思っていませんが、ただ役には立つと思っています。われわれの材料が出てきたからといって、金属がなくなるわけではないですし、シリコンがなくなるわけではありません。炭素繊維もなくならないですし、おそらく、石油化学由来で今作られているいろんな合成高分子もなくならないと思います。ただ、すごくよい一つの選択肢にはなりうるとは思っています。また、私たちがやっていることは、簡単に言うとシンセティックバイオロジー（注5）みたいなことで、バイオミメティックスとはちょっと概念が違います。

唐津　すでにできあがってしまっているものを忘れましょうということは人類の性向からすると違うと思います。江戸時代に戻れというのは極論だと思いますが、あれは、一つの経済モデルとして考えたときに、日本は本当に自給自足できないのですかという文脈で出てきたものです。江戸時代は鎖国をして外国との出入りがほとんどなかった状態で、三千万人ぐらいの人口が、だいたい飢えもせず生活をしていた、と言っているだけで、江戸時代をユートピアと考えましょうという仮説ではないと思います。

（注5）シンセティックバイオロジー、合成生物学。新しい生命機能をデザインして組立てる分野も含まれる。

細野　そうですね。平均寿命が五〇歳でしょう。

唐津　もっと短いですね、おそらく。

細野　それを全部ちゃんと理解したうえで議論をしないと、いつも都合のいいところだけの議論になるので、そこだけちょっと指摘しておきたい。

人間が苦手な領域はどうなるのか

唐津　会場からの質問をご紹介したいと思います。松尾先生への質問です。人間が非常に苦手とする、もともと人間がやってもあまりうまくいかない領域がありますが、そういう領域はどうなるのでしょうというご質問です。細野先生がおっしゃったように、どんどん忘れちゃうので、記憶し続けるのは、人間はすごく不得意です。そういう低次元なことではなくて、もっとハイレベルなマクロなことで、人間がこういうのは得意でないということに、松尾先生が今日ご紹介いただいたようなＡＩのアプローチを適用していくとどうなるのでしょうかというご質問です。

松尾　繰返しの作業で正確性を求められるのは、そもそも人間は苦手だと思います。認識することが必要だから人間がやっている仕事がたくさんありますが、そういうのは機械化してもよいと思います。警備をする仕事とか、防犯とかは大きいと思いますし、長時間の運転なんかもそうかもしれません。お医者さんがＣＴの写真を見ることも多分機械化されるでしょう。お医者さんの友達と話をすると、そのときの体調によっては、まあいいかというのもあるみたいです。英国かどこかの調査ですが、裁判官が執行猶予をつけることに関しては、朝方は一番つけやすくて、昼ご飯を食べるともう一回つけやすくなって、疲れてくるとだんだんつけにくくなる、そういう傾向がみえたりするそうですが、そういう仕事のなかでも、コンピューターがやったほうがよい部分が多分出てくるだろうと思います。

クモの糸は宇宙エレベーターには使えない

唐津　宇宙エレベーターという考えがあります。いろんな人がプランを立てていますが、宇宙エレベーターのケーブルにクモの糸は使えませんかという関山さんへのご質問です。

関山　すごく夢がないのですが、使えないですね。これはよく聞かれる質問です。クモの糸は強いと言ったときに、カーボンナノチューブに比べて引張り強度が強いかと言ったら、そんなことはまったくないのです。クモの糸は、先ほど述べたとおり、破壊するまでのエネルギー吸収がすごく大きいという材料でして、これは**強靭性**（Toughness）が大きいということなのです。先ほどは詳しくはお話ししなかったのですが、すごく面白いのが、ひずみ速度、つまり変形する速度が速くなれば速くなるほど、クモの糸の強靭性が上がっていきます。粘弾性の物質であれば、そういう機能は出ますが、クモの糸はこれがほかの材料と比べて圧倒的に高いのです。これは本当に興味深くて、先ほどご覧いただいた強靭性の試験をするときは、引張り試験、材料を引張って、どれぐらいの力がかかって、どれぐらい伸びたというのを計測します。すごくゆっくりしたスピードで引張って測っていますが、炭素繊維とかアラミド繊維というのは、そのゆっくりしたスピードで引張ったときに一番よい結果が出ます。そういう意味では、クモの糸はむしろちょっと不利な条件で比較しているのです。ゆっくりしたスピードで引張っても、クモの糸というのはそんなに強靭性は出ない。出ないといっても、あれだけの強靭性が出ていますが。さらに、百倍とか、千倍とかの速さで引張っていくと、三倍とか四倍とかになります。これは面白い特徴で、事故のときのような衝撃の大きい衝突、バーンというときのエネルギー吸収は非常に大事なので、クモの糸は非常に有望視されています。既存の物質でそのような強靭性を出すのは難しいのです。それで、自動車メーカーさんと最初から開発を進めています。ただ単に引張ったときの強さが強いとか、硬いということではありません。硬さや引張りの強さでいったら炭素繊維のほうが高いですから、そういう機能が求められるところにはそれを使ったらよいのです。炭素繊維などの材料にはない特徴をクモの糸はもっているので、それを生かせるような分野で使っていけばよいのです。クモの糸は万能で、とりあえず強いものが求められるところには何でも使えるということではありません。残念ながら。

唐津　衝撃を吸収できるというのは、非常にざっくり言うと、分子量が大きいからですか。むしろ構造の問題ですか。

関山　これは一応、構造の問題だとは言われていますが、どうしてかははっきりわかっていないというのが正直なところです。今のところ言われているのは、クモの糸は、非晶領域と結晶領域が一つの材料の中にばーっと分散しているような形なのですが、その結晶がものすごく小さい。すごく小さな微結晶がばーっとあるような感じで、それが規則的にネットワークを組んでいます。引張っていくと、あるところまでは結晶は壊れずに、非結晶領域のところだけの伸縮性で伸びたり縮んだりしていて、あるところまで行くと結晶が壊れ始めるのですが、壊れるとすぐに近くの結晶とくっつき合って、結晶を再構築していくといわれています。実際に観察してみるとそんな感じになっているようなのですが、今、まさに解析している最中です。結晶サイズが小さいので、なかなか破壊される様子を観察するのが難しいのです。世界最高性能の大型放射光施設であるSPring-8などを使って、どういうふうに破壊されていくのかを分析しているところです。

アンモニアの将来は？

唐津　細野先生にご質問です。アンモニアに水素を入れて運ぶとか、アンモニアの用途は予想外の広がりがあるようにみえます。アンモニアはベーシックな分子で結構単純なものですが、アンモニアの将来はどうお考えなのでしょうか。

細野　エネルギーの専門家ではないので、何ともわからないのですが、アンモニアをガソリンの代わりに燃やそうと言う人もいます。アンモニアは、窒素と水素が出てくるだけで、二酸化炭素は出てこないから。また、簡単に液化できるので水素のエネルギーキャリア（エネルギー担体）としての可能性は、昔からいわれているようです。

先ほどの食糧の問題ですが、昔は硫安というかたちで肥料を使っていましたが、米国では畑にアンモニアを直接まいてしまいます。硝酸根と硫酸根はすでに土の中に山のようにあるので、アンモニアの直まきなのです。中国のＰＭ二・五（微小粒子状物質）の話があったときに、テレビで見ると焼き畑農業をやっていました。なぜかというと、アンモニアはハーバー・ボッシュ法（注６）で非常に大規模でつくりますから、製造場所から道がないところには運べないのです。もし畑でアンモニアができる、一番極端には農機具に簡単にアンモニアができるような装置をつけられれば、その場（オンサイト）でできます。だから、オンサイトのアンモニア合成というのを私たちは目指しています。アンモニアはいろんなところで使えるのではないかなあと思います。

私たちがアモルファス酸化物の半導体をやっているときは、アモルファスシリコンが強かったものですから、酸化物なんかやっても、あんなものは全然だめ、使えない、遊びの研究だと、一〇年ぐらいずっと言われていました。その当時、あなたの研究目的は何ですかと聞かれると、僕はいつも、世の中からアモルファスシリコンをなくすことですと、けんかを売るために言っていました。最近はいつも、世の中からハーバー・ボッシュ法がなくなったほうがよいと言っています。本当はそんなこと思っていませんが、象徴的に言わないと元気が出ないので、そういうことを言っています。

アンモニアはエネルギーキャリアとしても重要ですが、最終的には食糧を作るためのものだと思います。地球の人口を、七三億人から、これ以上増やしていいのかという問題は別にしまして、飢えをなくすということは非常に大事なことです。政治の議論とか、全世界の人口をどうするかとか、そういう問題を超えて、世の中で起こったら一番悲惨なのは、やはり飢えです。きれいなディスプレイを見るよりは、飢えをなくすほうが大事だと、私は最近そう思っています。

唐津　地球の自然な環境では一〇億人しか食べさせられないという話があって、残りの六三億人は石油で補っているといわれています。さっき、フラスコがバーッと紫色になる印象的な画面を見せていただきました。生態は基本的には窒素循環です。エネルギーは炭素循環です。だから、窒素循環のある部分を先生の研究でつないでいくと、石油でなくてもそこが回るという話になっていきます。

二〇一六年の武田シンポジウムでは三人の方にお話をいただきました。どうしてこの三人の方が

（注6）鉄触媒を用い、高温高圧下で窒素（N_2）と水素（H_2）を直接反応させアンモニア（NH_3）を合成する方法。第3章も参照。

並んでいるのだろうなとお思いになったかもしれませんが、われわれが将来を考えていくときにいくつかの鍵になるファクターがあって、それがすべてとは言いませんけれども、それの非常に重要な部分を今日はお話しいただけたと思っています。それに対する懸念がいろいろありますが、過剰反応をする必要はないのだという、非常にクリアなメッセージをいただきましたので、皆さん、今日は安心してお帰りいただけるかと思います。ありがとうございました。

あとがき

今回のシンポジウムで取上げたナノとバイオとＩＴ（特に人工知能、ＡＩ）の現在の関係は、次のように整理されるのではないかと思います。

まず松尾先生のＡＩ（第1章）ですが、一〇年ぐらい前は人間にしかできないといわれていた顔認識がコンピューターでできるようになり、とうとうその精度が人間を上回るようになりました。ここで、ＡＩ技術の何が進歩したのかを理解することが大事だと思います。これまでの顔認識の場合は、どうやって認識するのかを人間が考えて、コンピューターをその考えで動かしていました。そうではなくて、たくさんの顔写真を見せて正解を教えてやると、コンピューターがどうやって認識するのかを学習するようになったのです。具体的には、ニューラルネットワークという仕掛け（半導体の回路でも実現できますし、ソフトウエアでも実現できます）を一〇段ぐらい使うとそうなる。各段で認識に適したパラメーターのようなものを自動的につくるようになるので、顔認識ができる。そのパラメーターの意味を人間が理解することはなかなか難しくなっています。グーグルの囲碁ソフトの場合も、何十万回と囲碁の対局をやって、学習して強くなります。

人間のようなＡＩをつくるには基本的に難しいことが二つあって、一つはどうやって顔認識などをするのかということをコンピューターに与えなければならない、もう一つはどういう範囲の情報を使うべきかを与えなければならない、ということです。コンピューター自身が学習する（パラメーターを自分でつくり出すという意味で）ようになったので、第一の難しいことはできるようになりつつあります。しかし、人間は一見関係がないと思われる情報も使って自分の周りの状態を理解したりしますが、このようなことを含めてどういう情報を使うべきかを自動的に判断することはまだできていません。これもだんだん解決されるようになっていくとは思いますが。複雑に絡み合った人間社会の問題を自動的に解決できるまでには、まだまだ多くの課題があります。

細野先生のナノ材料の話（第3章）は、複雑に絡み合った化学物質の研究をやるときには、この絡み合いをイメージして、研究の方向を見つけていくことが大事で、これはまだ人間にしかできない。しかし、浮かんだイメージを確認することはコンピューターが得意だからそこでは有効に使っている。そこで、生物学的な現象を参考にすることはあまりなくて、化学的な反応で有用なものを見つけ出して、効率よく材料を創り出していくのが大事だということだと思いました。

関山先生のバイオの例（第2章）は、扱っている物質がクモの糸のようなタンパク質だから、遺伝子工学を使うことは必須で、天然のクモの遺伝子を解析して、人工的な遺伝子を設計し、それを合成して糖からタンパク質をつくり、できたものを評価する、こういうステップを一〇回ぐらい繰返して効率よく性能の高い物質を創り出し、材料として使う。この各段階では当然コンピューターを有効に使うことは必須だということと理解しました。

このように整理してみると、今回のお三方のお話は、大変うまく絡み合っていると思いました。細野先生や関山先生の実験をコンピューターシミュレーションでやってしまい、最適化するパラメーターをディープラーニングで見つけ出す、という方向性かなとも思ってはいたのですが、まだまだ先の話で当分は人間の存在価値はありそうで、安心しました。

二〇一六年九月

一般財団法人 武田計測先端知財団
理事・事務局長　赤　城　三　男

索　　引

た　行

な　行

は　行

ま　行

ら　行

索　引

あ　行

か　行

さ　行

科学のとびら61

超創造科学

ナノ・バイオ・ITの未来

二〇一六年一〇月一四日 第一刷 発行

編 集 一般財団法人
武田計測先端知財団

発行者 小 澤 美 奈 子

発行所 株式会社 東京化学同人
東京都文京区千石三-三六-七(〒一一二-〇〇一一)
電 話 〇三-三九四六-五三一一
F A X 〇三-三九四六-五三一七
URL：http://www.tkd-pbl.com/

印刷・製本 新日本印刷株式会社

ISBN978-4-8079-1502-6

狂気の科学
真面目な科学者たちの奇態な実験

R.U.Schneider 著／石浦章一・宮下悦子 訳
B6 判　296 ページ　本体価格 2100 円

人間の赤ちゃんと一緒に育ったサルは人間に育つのか，人の「心」の重量は何グラムか，ドラッグでハイになった蜘蛛がつくる巣の形とは？など，中世から現代までの知的冒険をユーモアを交えて紹介した読み物．分野は生命科学，物理学から心理学に至るまで幅広く，一読に値するものが多い．